「実況動画」のつくり方

はじめに

　本書は、「実況動画」の作り方について解説した本です。

　「実況動画」と言えば、「ゲーム実況」をまず思い浮かべる人も多いでしょうが、「趣味」や「スポーツ」など、さまざまな分野があります。

＊

　「実況動画」の作り方は簡単です。
　生放送で話しながら配信することもできますし、あらかじめ録画した実況動画を映像編集して配信する方法もあります。
　ただし、「クオリティの高い」「面白い」動画を作るとなると、話は別です。
　そこには、テクニックがいくつか必要となってきます。

＊

　そこでこの本では、「実況動画」で使える、「動画ソフト」や「読み上げソフト」の基本的な操作方法とともに、実況動画の構成の仕方や、生声で配信する場合のテクニックなどを説明していきます。

　現在、実況動画は数多く作られていますが、ジャンルによっては、まだまだ数の少ないものもあります。
　ぜひ、あなたの好きなジャンルを「実況動画」で配信して、その魅力を伝えてください。
　「実況動画」が数多く作られ、さまざまなジャンルの活性化につながることを楽しみにしています。

小笠原　種高

実況動画の作り方

CONTENTS

はじめに ……………………………………………………………………………………… 3

第1章　「実況動画」を始めよう
- [1-1]　「実況動画」の種類 …………………………………………………… 8
- [1-2]　「実況」に必要なもの ………………………………………………… 28
- [1-3]　工夫すること ………………………………………………………… 39

第2章　「ボイスロイド」を使ってみよう
- [2-1]　「ボイスロイド」の使い方 …………………………………………… 44
- [2-2]　各種の調整方法 ……………………………………………………… 49
- [2-3]　「イラスト」や「効果音」などの素材 ……………………………… 66

第3章　上手に「トーク」するには
- [3-1]　「聞きやすく」話す ………………………………………………… 72
- [3-2]　声を良くする ………………………………………………………… 85
- [3-2]　「トーク内容」について考える …………………………………… 88

第4章　「動画編集」&「ライブ配信」をしてみよう
- [4-1]　「AviUtl」を使ってみよう ………………………………………… 94
- [4-2]　「AviUtl」の設定 …………………………………………………… 99
- [4-3]　「AviUtl」の構成 …………………………………………………… 101
- [4-4]　「AviUtl」の使い方 ………………………………………………… 102
- [4-5]　「OBS Studio」でライブ配信 ……………………………………… 113
- [4-6]　「YouTube」「ニコニコ動画」へ配信 ……………………………… 117

索引 ………………………………………………………………………………………… 125

サンプル動画について

筆者が製作した実況動画のサンプルを、工学社ホームページのサポートコーナーから視聴できます。

＜工学社ホームページ＞
http://www.kohgakusha.co.jp/

●結月ゆかりは株式会社バンピーファクトリーの登録商標です。
●各製品名は一般に各社の登録商標または商標ですが、®およびTMは省略しています。
Copyright ©2005-2016 AHS Co. Ltd./©2016 VOCALOMAKETS Powered by Bumpy Factory Corporation.

第1章

「実況動画」を始めよう

「実況型の動画」を始めようと思っても、考えることはいろいろとあります。
扱うテーマ、機材、実況方法や配信方法はどうするのかなど、これらをしっかりと考えることが大切です。
本章では、実況動画の中でも特に多い、「ゲーム実況」を例にして、実況動画を始める際のポイントを見ていきます。

第1章 「実況動画」を始めよう

1-1 「実況動画」の種類

　一口に「実況動画」と言っても、さまざまな種類があります。
　最もメジャーなのは、「**ゲーム実況**」であり、実質「実況」と呼ばれるもののほとんどが「ゲーム」ですが、「**ドライブ**」や「**ツーリング**」「**DIY**」「**料理**」などの実況もあります。

　また、「実況」とは名乗っていませんが、「**スポーツのプレイ動画**」や「**手芸**」「**イラストの描き方**」など、多くの「実況された動画」が存在します。

＊

　では、何を実況するのか、どのように実況をしたいのか、そのためには何が必要なのか考えてみましょう。

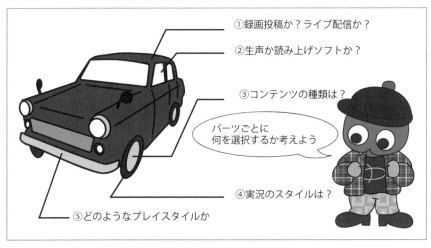

図1-1　実況について考えること

■扱う「ジャンルの種類」

　最初に考えるのは、「**ジャンルの種類**」でしょう。
　現在は、「実況＝ゲーム実況」のような感じになっていますが、もちろんほかのジャンルでも「実況動画」を作ることはできます。
　特に、「**何か作るもの**」「**何か体験するもの**」が向いています。

- 作るもの
  電子工作、プラモ、料理、手芸、園芸、DIYなど。

- 体験するもの
  旅、ドライブ、ツーリング、スポーツ、特殊な食べ物、水族館や動物園、サバゲーなど。

- 実況が難しいもの
  読書、映画、漫画など。

■「録画投稿」と「ライブ配信」

「実況」には、「**録画投稿**」と「**ライブ配信**」の2つのスタイルがあります。どちらのスタイルを取るかによって、動画の配信先も変わります。

●録画投稿

録画ずみの動画をアップロードします。
主なアップロード先としては、「**ニコニコ動画**」「**YouTube**」などがあります。

特徴は、"クオリティ"と"手間"です。
うまくいくまで撮り直したり、いろいろな編集もできるため、動画のクオリティを高めることができるメリットがあります。
一方、「撮り直し」や「編集」にはどうしても時間がかかるので、ある程度、計画的に作ることができる人に向いている方法です。

＜メリット＞

- アップロード前に動画を編集できる
- 「音声」を後から入れることができる
- 「BGM」を適切な音量で入れることができる
- テンポの悪いところや、つまらないところを「カット」できる
- 「字幕」が入れることができるので、解説動画を作りやすい

第1章 「実況動画」を始めよう

<デメリット>
・編集に時間がかかる
・投稿間隔が空きやすい
・生活が忙しくなると継続しづらくなる

● ライブ配信

　リアルタイムで動画配信を行ないます。
　主な配信先としては、「ニコニコ生放送」や「Twitch」などがあります。

　ライブ配信の特徴は、"時短"と"リアルタイム性"です。
　視聴者とのやり取りをリアルタイムで行なうため、簡単に面白みのある配信ができます。配信前の準備もあまり必要ありません。
　頻繁に配信していきたい人や、事前準備に時間をかけたくない人に向いています。

　ただし、リアルタイムであるために、予想していないことも起こりやすいので、ある程度は"慣れ"が必要になるでしょう。

<メリット>
・配信までの準備や手間がかからない
・頻繁に配信しやすく、継続もしやすい
・視聴者からのレスポンスがリアルタイムで返ってくるので、変化のある配信になる
・プレイの勢いをそのまま配信するので、臨場感のある実況になる
・複数でのワイワイとした配信に向いている

<デメリット>
・ゲームプレイやコンテンツ自体が間延びしたり、トークが間延びすることを防げない
・不適切な発言や、過度な叫び声を調整できない
・配信中に訪問者が登場するなど、急なアクシデントに対応できない

1-1 「実況動画」の種類

録画投稿
編集でクオリティを高められるが、手間がかかる

ライブ配信
簡単で臨場感のある配信になるが、突発的な事故に弱い

図1-2 「録画」と「ライブ」の違い

●動画配信サービス

「動画配信サービス」は、「ライブ」か「録画」かで特徴が異なります。

また、投稿先によって視聴者の「年齢層」や「好み」も違ってくるので、その点を考えて投稿先を選んでください。

たとえば、あまりコミュニケーションを取りたくないのであれば、「ニコニコ動画」ではなく、別のサービスを選んだほうがいいでしょう。

逆に、視聴者と対話しながら盛り上がりたいのであれば、「ニコニコ動画」がお勧めです。

＊

また、1つのサービスだけにこだわる必要はありません。

複数のサービスに登録して好みのものを探したり、動画の方向性によってサービスを変えてもいいでしょう。

そのサービスしか視聴していないユーザーも取り込めます。

ただし、複数のサービスで同じ動画を投稿していくことは、新規開拓につながる一方で、視聴数が割れてしまいます。

視聴数が少なくなり、ランキングに入りづらくなると、そのぶん露出も下

第1章 「実況動画」を始めよう

がります。

　どのような方法で、露出を増やしていくのか、どのような視聴者に見て欲しいのかといったことを考えて、「動画配信サービス」を選択しましょう。

＊

　以下に、代表的な「動画配信サービス」を挙げておきます。

＜録画投稿＞

・ニコニコ動画(ニコ動)

　視聴者が動画を探しやすい仕組みが整っており、コミュニケーションも取りやすいです。

　利用料は基本的に無料(プレミアム有り)、投稿サイズに制限があります。また、視聴にはログインが必要です。

いろいろな実況動画がある有名サイト
http://www.nicovideo.jp/

・YouTube

　簡易的な編集機能が用意されています。

　投稿サイズの制限は、引き上げることが可能ですが、視聴者の環境によっ

ては、強制的に低解像度の映像で配信されます。

　利用は無料で、視聴にログインの必要もありません。

こちらも定番のサイト。特に若年層に人気が高い
https://www.youtube.com/?hl=ja&gl=JP

・YouTube Gaming

　ゲームに特化したサイト。「YouTube」の動画や配信を探しやすくしたものです(動画のアップロードは「YouTube」のページから行ないます)。

　利用料は無料で、視聴にログインの必要もありません。

ゲーム実況に特化したピックアップサイト
https://gaming.youtube.com/

第1章 「実況動画」を始めよう

＜ライブ配信＞

・ニコニコ生放送（ニコ生）

「ニコニコ動画」のライブ配信サービスで、「コミュニティ機能」「かんたん配信機能」「視聴用のスマホアプリ」があるのが強み。「PS4」からの配信にも対応が可能です。

また、「タグ」など、視聴者がアクセスしやすい仕組みが整っています。

一方、「放送枠」を取らなければならなかったり、「30分単位」の配信になってしまう部分がデメリット。

利用はプレミアム会員のみ（スマホ配信の場合は、無料）で、視聴にはログインが必要になります。

さまざまなジャンルのチャンネルが用意されている
http://live.nicovideo.jp/

・YouTubeライブ

「YouTubeアカウント」があれば配信でき、「高画質配信」が可能です。

イベントのスケジュールや、ライブ配信の内容が、自動的に「YouTube」にアップロードされるのがメリット（アップロードしない設定も可能）。

また、「PS4」からの配信にも対応します。
利用は無料で、視聴にログインの必要もありません。

配信内容は自動的に保存されて、後からでも視聴可能
https://www.youtube.com/live?gl=JP&hl=ja

・YouTube Gaming

　YouTubeライブと同じ。特徴は上記を参照。

・Twitch

　Amazonが提供するゲーム専用の配信サービスです。日本人の配信者は少ないものの、世界中からコアなファンが集まる傾向があります。

　PS4からの配信に対応し、利用は無料で、視聴者のログインの必要もありません。

海外では定番のゲーム実況サイト
https://www.twitch.tv/

第1章 「実況動画」を始めよう

・TwitCasting(ツイキャス)

　ブラウザで簡単に配信できるサービス、

　やや画質が悪いですが、配信者に「レベル」が設定されており、レベルが上がることで、高画質な配信が可能になります。

　配信時間が30分単位、スマホから配信しやすい仕組みがありますが、現状では「ゲーム実況」は難しいでしょう。

　利用は無料で、視聴者のログインの必要もありません。

「レベル」の機能が珍しい国産サイト
http://twitcasting.tv/

・FRESH! by AbemaTV

　AbemaTVの生放送配信サイトです。

　サービスは始まって間もないので、視聴者数もある程度確保できます。

　「番組表」が用意されており、視聴したいものが分かりやすいのが特徴です。

　利用は無料で、視聴にログインの必要もありません。

1-1 「実況動画」の種類

カテゴリ別に分かれており、検索もしやすい
https://abemafresh.tv/

・LINE LIVE

　こちらもサービスが始まったばかりですが、すでにかなりの視聴者数がいるようです。

　スマホからの視聴に対応し、LINEでおなじみのスタンプ機能が利用できます。

　どちらかというとスマホで撮影した動画を配信することに向いているため、ゲーム実況とは違う用途で利用するといいでしょう。

LINEと同じく「トーク」を中心とした配信が多い
https://live.line.me/

第1章 「実況動画」を始めよう

・Periscope

スマホで世界中のライブ配信を視聴できます。

現在のところは、海外の配信が中心で、国内では、まだ知名度はさほどでもありません。

「LINE LIVE」と同じようにスマホを使った配信になるので、ゲーム実況とは違う用途で利用するといいでしょう。

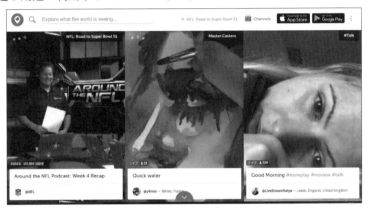

世界に向けてライブ動画を配信できる
https://www.periscope.tv/

■「生声」と「読み上げソフト」

「実況音声」には、「**自分の声**」と「**読み上げソフト**」を使う方法があります。

●生声

何よりも手軽にできることがメリットです。

デメリットは、声の性質や特徴がそのまま出てしまうので、声質によっては聞きづらい場合があることです。

声質に魅力があると、トークの未熟さや動画のテンポの悪さをカバーしてくれることもあります。

声の性質は、ある程度訓練することでよくなるので、「生声」の配信をしたい場合は、トレーニングをしていくといいでしょう。

※「ボイスチェンジャー」を通して配信する、という手もあります。

1-1 「実況動画」の種類

●読み上げソフト

「読み上げソフト」は、自分で声を吹き込む必要がありません。

最近の「読み上げソフト」は性能が上がってきているので、かなり自然な人間の発音に近づいてきています。

失敗もなく、音量や音質も安定しているので、自分の声に自信のない人や、話すよりも書くほうが得意な人に向いています。

デメリットは、「読み上げソフト」自体の好みが分かれることと、「調教作業」が必要になることです。

また、「ライブ配信」がしづらいことや、「臨場感」がやや薄れるといった点も挙げられます。

これらの特性を考えると、「盛り上がり系の動画」よりも、「説明するような動画」に向いていると言えるでしょう。

＊

代表的な「読み上げソフト」には、次のようなものがあります。

・ボイスロイド(有料)

AHS社が販売する、ボーカロイドの音声ライブラリを使ったソフトです。

声のバリエーションが豊かであることが特徴で、かなり人間に近い自然な話し方が可能です。

・CeVIO Creative Studio(有料)

Windows用の音声創作ソフトで、「感情表現スライダ」があるのが特徴です。

・SofTalk/Stk_Custom(無料)

「ニコニコ動画」では、「ゆっくり」というキャラクターの声によく使われているソフトです。

「カスタム版」もあり、「ボイスロイド」での出力や、「.exoファイル」に対応しています。

第1章 「実況動画」を始めよう

・棒読みちゃん（無料）

　こちらも「ゆっくり」の声に使われています。

　また、「Twitter」のタイムラインや、「ニコ生」の読み上げなどにも利用可能です。

・テキストーク（無料）

　男女の声を切り替えることができるソフトで、「コマンド・プロンプト」からの起動に対応します。

　また、他のソフトが「WAVファイル」のみに対応するのに対して、このソフトは「WAVファイル」と「MP3ファイル」で保存できるのが特徴です。

■扱うコンテンツの種類

　どのジャンルのコンテンツであっても、種類があります。

　たとえば、「ゲーム」には、「据え置き」「携帯型」「PC」「スマホ」など、さまざまなプラットフォームがあり、さらにそれぞれゲームの「ソフト」や「アプリ」があります。

　他に「ジャンル」や「発売時期」もあり、"どのようなゲームを選ぶのか"が、視聴されるポイントになってきます。

> ※「ゲーム」以外でも、「料理」であれば、メイン料理なのかデザートなのか、手の込んだものなのか楽にできるものなのかなど、種類はさまざまです。

*

　では、どのような観点でコンテンツの種類を選べばいいでしょうか。

　最初に考えるべきことは、"配信しやすいこと"です。
「得意な分野」で「キャプチャ」「録画」がしやすいものがいいでしょう。

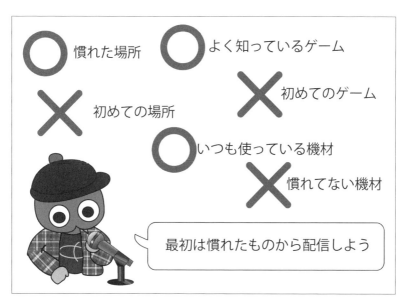

図1-3　コンテンツの種類

　実況に慣れてきたら、「人気のコンテンツ」を扱う、「視聴者が集まりそうなゲーム」を扱うなど、工夫していってください。

> **Column** 動画にできないゲーム
>
> 　ゲームのタイトルによっては(特に新作のもの)、動画配信を禁止しているものもあります。
> 　場合によっては罰則の対象になることもあるので、タイトルを決める際に、動画の配信が禁止されていないかをよく調べるようにしましょう。

第1章 「実況動画」を始めよう

●主要なゲーム機

「据え置き機」と「携帯機」で主要なものは、次の表の通りです。

種類	名称	発売元
据え置き	ファミリーコンピュータ	任天堂
	セガ・マークⅢ	セガ
	PCエンジン	NECホームエレクトロニクス
	メガドライブ	セガ
	スーパーファミコン	任天堂
	ネオジオ	SNK
	ネオジオCD	SNK
	セガサターン	セガ
	PlayStation	SCE
	バーチャルボーイ	任天堂
	NINTENDO64	任天堂
	ドリームキャスト	セガ
	PlayStation 2	SCE
	ニンテンドーゲームキューブ	任天堂
	Xbox	マイクロソフト
	Xbox 360	マイクロソフト
	PlayStation 3	SCE
	Wii	任天堂
	Wii U	任天堂
	PlayStation 4	SIE
	Xbox One	マイクロソフト
携帯	ゲーム＆ウオッチ	任天堂
	ゲームボーイ	任天堂
	ゲームギア	セガ
	ネオジオポケット	SNK
	ワンダースワン	バンダイ
	ゲームボーイアドバンス	任天堂
	ニンテンドーDS	任天堂
	PlayStation Portable	SCE
	ニンテンドー3DS	任天堂
	PlayStation Vita	SIE

■ 実況のスタイル

「実況のスタイル」もさまざまです。

一人で淡々と行なうスタイルもあれば、大勢で賑やかに実況するスタイルもあります。

内容も、「解説が詳しい」「視聴者とコミュニケーションを多く取る」「頻繁に更新する」などがあります。

もしかすると、理想とする実況者や、実況スタイルがあるかもしれません。

最初はその真似から始めてもいいですが、あまりこだわらず、自分のスタイルも探してみてください。

●一人で実況

実況者のスタイル（プレイスタイル、トークスタイルなど）が、もっとも出やすく、視聴者との距離も近いのが特徴です。

ゲームスタイルとしては、「ストーリーもの」や「ハードモード」へのチャレンジなど、無言の時間が発生しても目立たず、ゲーム自体の魅力が出やすいものが向いています。

また、週一度程度で定期的な更新をする投稿者が多く、連続ドラマのように「続きを見る」感覚で、視聴されることが多いです。

> ※「ゲーム」ではなく、「スポーツ」や「実際に何かを作るもの」の場合は、画面に変化のあるものがいいでしょう。

●複数の人で実況

賑やかな実況になりやすいのが特徴で、視聴者は、実況者同士の会話や、賑やかな雰囲気を楽しめます。

逆に、あまり会話が盛り上がらないと、期待外れと思われてしまう可能性があります。

扱うゲームとしては、ワイワイやるような「ボードゲーム」や「対戦ゲーム」が向いています。

ゲーム以外では、複数人での旅行やスポーツであれば対戦型などが向いているかもしれません。

第1章 「実況動画」を始めよう

●詳しい解説

「解説動画」では、「いかに解説が詳しいか」「視聴者が知りたい情報があるか」というところが肝です。

そのため、ゲームのタイトルも、「知名度が高いもの」や「アーリーアクセス版」※などが多いです。

また、解説であるため、「テキストのみの解説」や「テキストをそのまま読み上げさせた動画」が多く作られています。

> ※開発中ゲームのお試しバージョン。「ベータ版」と呼ばれるものとは違い、基本的に有料だが、完成品よりも格安で購入できます。

なお、「ニコニコ動画」では、プレイ画面の下に「実況ウィンドウ」(キャラクターのアイコンとテキスト)、右に「ゲーム内状態」や「メモ」を表示したスタイルが定番で、原型となった動画から「biim式」や「biim兄貴リスペクト」と呼ばれています。

> ※「DIY」や「料理」であれば、「設計図」「レシピ」をしっかり見せることが重要です。
> また、「スポーツ」の難しいテクニックであれば、「体のポイントになる部分」を図で表わすのも分かりやすいでしょう。

こうした解説動画は、編集などに手間がかかるため、頻繁な更新は難しいかもしれませんが、続けるうちにジワジワと人気が上がっていく傾向があります。

●頻繁な更新

更新を頻繁に行なうには、そのスケジュールを前提として実況の計画を立てる必要があります。

あまり手間がかかるようでは、そのうち生活の負担になり、仕事や学業が上手くいかなくなったり、逆に動画の更新がおろそかになってしまうからです。

できる限り、手間になるようなことは避けて、コンスタントにアップできるようにしましょう。

複数の人で実況するよりは「一人」で、編集する動画よりは、「一発録り」や「ライブ放送」が手軽です。

ただし、クオリティが低くなったり、一人だとモチベーションを保ちにく

いということもあるので、「自分が更新できる条件」を考えることが重要です。

●コミュニケーションを多くとる

　「ニコニコ動画」や「YouTube」は、視聴者とのコミュニケーションが取れることも魅力のひとつです。

　特に、「ライブ配信」の場合は、盛り上がりに一役買ってくれることでしょう。

　また、他の投稿者の動画にコメントをすることで、その投稿者とのつながりができたり、新たな視聴者の獲得につながります。

　上手くコミュニケーションを使うことで、自分のモチベーションを上げながら、動画を盛り上げていくといいでしょう。

　ただし、コミュニケーションを取ることは楽しいことではありますが、エネルギーや気遣いも必要になるので、あまり自信がない場合は、様子を見ながらのほうがいいかもしれません。

図1-4　どのようなスタイルがいいのだろうか

第1章 「実況動画」を始めよう

●プレイスタイル

「実況のスタイル」と同じだと思われるかもしれませんが、これは、ゲームで言えば、「RTA」(リアル・タイム・アタック)や、「高得点」「しばりプレイ」「特定の項目の攻略法」「アーリーアクセス版の紹介」などの、プレイスタイルです。

> ※「DIY」であれば、「手近なもので作る」「材料を3,000円以内に収める」、「料理」なら「缶詰のみで料理する」「10分以内で作る」、「スポーツ」であれば、「最新の道具を紹介する」などが考えられます。
> 本書では、「ゲーム」を例にスタイルを後述しているので、自分のジャンルで当てはまるものを考えてみるといいでしょう。

「実況動画」は、「ゲーム」などのコンテンツが主役です。

「プレイスタイル」よりも、実況者のキャラクターや魅力が目立つ動画もありますが、基本は「コンテンツを見たい人」がほとんどであることを忘れないようにしましょう。

<ゲームの主要なプレイスタイル>

・RTA(リアル・タイム・アタック)/高得点を目指す

最速クリアや、高得点を目指すスタイルには、ゲームの腕とやりこみが必要です。

また、「ゲームの結果」が求められるジャンルなので、トークはあまり重要視されない側面があります。

そのため、日本以外の国の人にも見てもらえる可能性があります。

・しばりプレイ

アイテムを使わない、特定の行動を取らない、攻略に向かないキャラクターを使うなど、「不利な条件でクリアを目指す」というプレイスタイルです。

ゲームの腕も必要ですが、「どのようなアイテムを封印するのか」など、面白い「しばり」の内容を考える必要があります。

・特定の項目の攻略法

視聴者の多くが攻略できないような項目の攻略方法や、別ルートの攻略を見せる動画です。

1-1 「実況動画」の種類

　こうした動画は、特定の配信者のファンが見るというよりは、検索で、「攻略法」を探してくる例が多いです。
　そのため、新規視聴者を獲得できるチャンスになります。普段の動画に、こうした攻略法を混ぜていくのもいいかもしれません。

・「アーリーアクセス版」のプレイ

　「アーリーアクセス版」のプレイは、特定の項目の攻略法とよく似ていますが、「プレイしたことのある人がほとんどいないゲーム」であるため、ゲームの面白さや、世界観を伝えることも重要です。
　知られていないものを説明する際は、どうしても説明が冗長になってしまうことが多いですが、切りすぎかと思うくらいバッサリ切って、テンポアップするように心掛けるのがいいでしょう。

　また、「ゲーム自体の面白さ」も重要です。
　「アーリーアクセス版」は、すでにリリースされたゲームと違って、玉石混交で洗練されていません。
　ネット上には、「アーリーアクセス版」のレビューをしているサイトもあるので、そういったところでの評価が高いタイトルを探すのもいいでしょう。

・「うんちく」や「考察」を語る

　ゲームでも映画と同じく、「語られない背景」が存在することがあります。
　ストーリー中の伏線や、ゲームの制作の裏話、隠し要素など、普通にプレイしては、気づかないような要素です。
　プレイしながらこうした「うんちく」や「考察」を語れると、ファンが付きやすくなり、ゲームの知名度に関わらず、「トークが聞きたい」と思う視聴者が多く訪れます。

・TAS/TAP

　「TAS」(ツール・アシステッド・スーパープレイ)と「TAP」(ツール・アシステッド・パフォーマンス)は、要はツールを使って、通常ではできないような"神プレイ"(すごく上手なプレイ)をする動画です。

第1章 「実況動画」を始めよう

たとえば、よく使われるツールのひとつである「エミュレータ」では、どこでもセーブ&ロードできる特性を利用して、視聴者に、超人的な感覚や、魅力的なプレイを提供します。

例としては、10%の確率で貰えるアイテムを10回連続して貰うなど、単なるクリアだけでなく、動画として見て面白くなる要素を撮ります。

「TAS」のポイントは、「ランダム要素をコントロールできること」です。
ただし、「エミュレータ」をはじめとしたツール類の使用については、違反行為とされる可能性もあるので、注意してください。

*

いくつか例をあげましたが、ここでは紹介していないプレイスタイルもあります。
肝心なのは、"面白いと思って貰えるかどうか"です。
自分も楽しみながら、方向性を探ってみてください。

1-2 「実況」に必要なもの

「実況」をするには、必要なものがいくつかあります。

編集や配信を行なうための「**パソコン**」はもちろん、声を録音する場合は「**マイク**」が必要でしょうし、「**動画編集ソフト**」や「**ライブ放送用のソフト**」もあったほうが便利です。

そして、「ゲーム配信」の場合、重要なのは「**キャプチャ**」です。
「ゲーム機」によっては「キャプチャ」の方法が異なる場合もあります。

■「ゲーム実況」の基本構成

「ゲーム実況」で必要なものは、以下の通りです。

・ゲーム機とソフト
・パソコン
・マイク/読み上げソフト

・Webカメラ
・キャプチャボード/ビデオカメラ
・動画編集ソフト/ライブ放送用ソフト
・アップロード先の動画配信サービス

　基本的な流れは、「ゲーム機」でのプレイの様子を、「パソコン」で取り込み、アップロードします。
　このとき、プレイの様子をパソコンで録画するための道具が「**キャプチャボード**」です。
　撮影した動画を編集する場合は「動画編集ソフト」を使い、ライブ放送する場合は「ライブ放送用ソフト」を使います。

　自分の声や顔を入れたい場合は、「マイク」や「Webカメラ」を使いますが、ノートパソコンの場合、あらかじめ内蔵されている場合もあります。

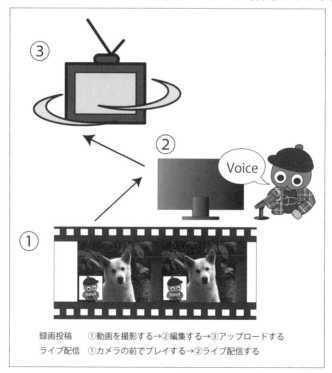

図1-5　「実況」の仕方

第1章 「実況動画」を始めよう

■「その他の実況」の基本構成

　ゲーム以外の実況の基本構成は、大きくは「キャプチャボード」を除いて、「ゲーム実況」と同じと考えていいでしょう。

　「キャプチャボード」がないぶん、取り組みやすい実況と言えるでしょう。

・パソコン
・マイク
・読み上げソフト
・Webカメラ/ビデオカメラ/ドライブレコーダ
・動画編集ソフト/ライブ放送用ソフト
・アップロード先の動画配信サービス

　基本的な流れは、スポーツやDIY、料理などを行なっているところを、動画で撮影し、その動画を「パソコン」で取り込み、アップロードします。

　動画は、**「ビデオカメラ」**を使うのが望ましいですが、持っていない場合は、**「スマホ」**や**「写真用カメラ」**で動画に対応しているものでも大丈夫です。

　その後、編集やライブ放送をする点は同じです。

■必要な道具

　ゲームであれば、「ゲーム」と「ゲームをプレイする機械」が、その他のコンテンツであれば、「それを行なう準備」が必要になります。

●パソコン

　撮影した動画を取り込んで、「編集」「配信」「アップロード」するために必要になります。

　「音声」を別に入れる場合も、「動画編集ソフト」で行ないます。

　ゲームの場合、一部のゲーム機(「PS4」など)は、ゲーム機本体に、動画を撮ってそのままアップロードする機能が用意されています。

1-2 「実況」に必要なもの

しかし、高レベルな動画を作りたいときは、「パソコン」は必須の機材と考えてください。

また、「パソコンのゲーム」をプレイする場合、基本的には1台のパソコンで、ゲームをしてそのまま動画を撮りますが、ゲームによっては「モニタ」が2つ必要だったり、別のPCを用意しないと「キャプチャ」が撮れないこともあります。

「パソコン」のスペックは、ある程度、動画編集に耐えられるものが必要ですが、よほどサイズの大きな動画でない限り、最近発売されたパソコンのほとんどは要件を満たしています。

● マイク

「ノートパソコン」の場合は標準で搭載されていることも多いですが、「マイク」の音量が小さかったり、「ノイズ」が入る場合もあるので、別途購入することをお勧めします。

安いものなら、2,000円くらいの価格帯からあります。

図1-6　超小型でピンマイクにもなる「ECM-PC60」(ソニー)

何かをしながら話すことを考えると、「スタンド・マイク」よりも、「ヘッドセット」がお勧めです。

「マイク」と「口の方向や距離」が変わってしまうと、音声ムラの原因にもなります。

第1章 「実況動画」を始めよう

　また、「マイク」には「コンデンサ・マイク」と「ダイナミック・マイク」という種類や、指向性があるので自分に合ったものを探しましょう（**4章**を参照）。

　自分の声に自信がない場合は、「ボイスチェンジャー」を使う方法もあります。

図1-7　ゲーム用に作られているヘッドセット「G230」（ロジクール）

●カメラ
　「Webカメラ」も、ノートパソコンであれば付属のものがありますが、これも別途購入したほうが角度の調整などができて、お勧めです。

図1-8　1,000円前後で購入できるWebカメラ「BSWHD06MBK」（バッファロー）

なお、撮影環境によっては部屋の様子が映ってしまうこともあるため、見せたくないものは片付けておきましょう。

面倒であれば、シーツを何枚か用意して覆ってしまうのも簡単です。

もし、撮影した後に編集をするつもりであれば、スマホや写真用のカメラでも録画できます。

最近の写真用のカメラは動画に対応していることが多く、画質もさほど悪くありません。

> ※ドライブやツーリングなどの撮影の場合は、「ドライブレコーダ」（ドラレコ）を利用する方法もあります。
> 「ドラレコ」は、SDカードに繰り返し上書きする設定になっていることが多いので、撮影時には、設定を変更することを忘れないようにしましょう。
> もちろん、フロントガラスも綺麗にしておき、車内のBGMにも気をつけてください。

> ※「スポーツ」の場合、対戦型のスポーツは「ビデオカメラ」での撮影になりますが、スキーやスノボなどの一人のスポーツは、自分の体につけられる、「ウェアラブル・カメラ」が便利です。
> ダイビング、渓流下りなどの場合は、「防水」のものを用意しましょう。

●読み上げソフト

「読み上げソフト」は、パソコン上の操作だけで声を入れることができるので、自分の声を吹き込む作業時間が短縮できます。

声を録音する環境が整っていない場合も有用でしょう。

また、「ライブ配信」の場合は、視聴者のコメントを読み上げるという使い方もあります。

図1-9 代表的な読み上げソフトのひとつ「ボイスロイド」(AHS)

第1章 「実況動画」を始めよう

●(ゲームのみ)キャプチャボード/ビデオカメラ

「キャプチャボード」は、ゲーム画像をパソコンで取り込めるように変換するものです。

図1-10　多機能なキャプチャボード「GC550」(アバーメディア)

使う際は「ゲーム機」と「パソコン」の間につなぎます。

「ゲーム機」側に「HDMI端子」や「アナログのビデオ出力」(赤白黄のコンポジット・ケーブル)がある場合は、「キャプチャボード」を介して「パソコン」につなぎます。

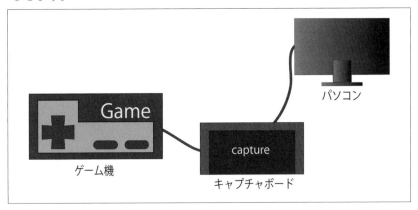

図1-11　「キャプチャボード」のつなぎ方

※「PS3」の場合は「コピーガード」がかかっているため、「HDMI」から出力してもキャプチャできず、アナログのビデオ出力からキャプチャする必要がある。
　また、「PS Vita TV」の場合は、「HDMI出力」しかない上に「コピーガード」がかかっているため、事実上キャプチャは不可能。

「HDMI端子」や「ビデオ出力」がない場合は、多少手間がかかります。

1-2 「実況」に必要なもの

　たとえば、「ゲームボーイ」や「ゲームボーイアドバンス」の場合は、「ゲームキューブ」「ゲームボーイプレイヤー」を経由する必要がありますが、製品の販売は終了しているため、中古で手に入れなければなりません。
　そのほかの機器に関しては、「ビデオ」で撮影するなどの方法が必要になります。

＊

　代表的な「ゲーム機」におけるキャプチャ方法をまとめておきます。

名　称	キャプチャ方法	名　称	キャプチャ方法
ファミリーコンピュータ	アナログ	セガ・マークⅢ	アナログ
PCエンジン	アナログ	メガドライブ	アナログ
スーパーファミコン	アナログ	ネオジオ	アナログ
ネオジオCD	アナログ	セガサターン	アナログ
PlayStation	アナログ	NINTENDO64	アナログ
ドリームキャスト	アナログ	PlayStation 2	アナログ
ニンテンドーゲームキューブ	アナログ	Xbox	アナログ
Xbox 360	HDMI	PlayStation 3	アナログ
Wii	アナログ	Wii U	HDMI
PlayStation 4	HDMI	Xbox One	HDMI
ゲーム＆ウオッチ	ビデオ撮影	ゲームボーイ	ゲームキューブ経由
ゲームギア	改造もしくはビデオ撮影	ネオジオポケット	改造もしくはビデオ撮影
ワンダースワン	改造もしくはビデオ撮影	ゲームボーイアドバンス	ゲームキューブ経由
ニンテンドーDS	改造もしくはビデオ撮影	PlayStation Portable	アナログ
ニンテンドー3DS	改造もしくはビデオ撮影	PlayStation Vita	PlayStation Vita TV経由（HDCPのため実質不可）

第1章 「実況動画」を始めよう

●動画編集ソフト/ライブ放送用ソフト
「録画」の場合は、「動画編集ソフト」が必要です。

「ライブ配信」の場合は、「動画配信サービス」に用意されているツールを使う方法もあります。
しかし、動画のクオリティを上げるには、「ライブ放送用ソフト」を使ったほうがいいでしょう。

*

主な「動画編集ソフト」と「ライブ放送用ソフト」を挙げます。

＜動画編集ソフト＞

・AviUtl（無料）
　高機能な「動画編集ソフト」で、プラグインを入れることでさまざまな編集が可能です。

・Windowsムービーメーカー（無料）
　機能は少ないが、シンプルで使いやすい。

・ゆっくりMovieMaker（無料）
　「ゆっくり動画」を作りやすい。

・VideoStudio（有料）
　「キャプチャ機能」を備えている。

＜ライブ放送用ソフト＞

・Open Broadcaster Software（無料）
　「YouTubeライブ」「Twitch」に標準対応。

・XSplit Broadcaster（無料/有料）
　「ニコニコ生放送」「YouTubeライブ」「Twitch」に標準対応。
　有料版では、複数の配信サイトに同時配信ができる。

1-2 「実況」に必要なもの

●アップロード先の動画配信サービス

「動画配信サービス」では、アップロードするために「アカウント」を作る必要があります。

「アカウント」を作るには、基本的に「メールアドレス」が必要になりますが、「Facebook」や「Twitter」など、別のSNSのアカウントで登録できるものもあります。

また、サイトによっては「電話番号」を追加で聞かれることもあります。
「電話番号」は、音声案内の電話がかかってきたり、ショートメッセージが届いたりするため、適当に入力してはいけません。

＊

有名な「動画配信サービス」以外にも、動画をアップロードできる仕組みやサービスはいろいろとあります。

新しいサービスも続々と出てきているので、いまは盛り上がってなくても、これから有名になるものもあるでしょう。

このようなサービスもチェックしておけば、競争相手が少ないうちに上手くスタートダッシュを切ることも可能です。

■「著作権」や「HDCP」について

●著作権

「ゲーム実況」の場合、ゲーム会社の発売しているゲームの画像を使うために、「**著作権**」について知る必要があります。

大きく分けると「ソフトメーカー」(例：任天堂)、「ソフト」(例：ポケモン)、「発売時期」(新作など)によって異なります。

「ソフトメーカー」によっては、動画にできる「ソフト」に制限がある可能性があります。

また動画にできるか以外にも、ソフトによっては「謎解き要素のネタバレ厳禁」「ロゴの挿入」など、さまざまな条件がつく場合があります。

次のように、動画の配信についての専用サイトを作っているメーカーもあ

第1章 「実況動画」を始めよう

るので、それらのサイトを探してみるか、直接問い合わせてみるといいでしょう。

＜Nintendo Creators Program＞

https://r.ncp.nintendo.net

＜『ドラゴンクエストⅩ』利用宣言＞

http://commons.nicovideo.jp/material/nc73734

●HDCP

　ハードによっては、「HDCP」がかかっているため、法的に問題ない方法でキャプチャする必要があります。

　「HDCP」とは、「HDMI」などに使われる「アクセス・コントロール」と呼ばれる「コピーガード」のことです。
　「キャプチャボード」によっては「HDCP」非対応のものもあり、注意が必要です。

＜文化審議会 著作権分科会 法制問題小委員会（第6回）議事録［資料2］＞

http://www.mext.go.jp/b_menu/shingi/bunka/gijiroku/013/05072901/002-4.htm

　「HDCP」のかかったハードとしては、「PS3」「PS4」「PS Vita TV」が挙げられますが、「PS4」に関しては、本体の設定で外すことができるので問題ありません。
　「PS3」は、「HDMI端子」から出力することについては問題がありますが、「アナログ」（コンポジット・ケーブル）から出力するぶんには大丈夫です。
　「PS Vita TV」は、「HDMI出力」しかない上に「HDCP」がかかっているため、キャプチャは不可能です。

1-3 工夫すること

■「実況計画」を立てよう

ここまでの内容で、「実況」について必要な知識は解説しました。

次に必要なのは、「実況計画」を立てることです。
録画かライブか、どのようなスタイルにするか、どのソフトを使うのかなど、紙に書き出してみましょう。
重要なのは、"**無理なくできること**"と、"**主役はコンテンツ**"のふたつです。

*

「コンテンツ実況」で人気が出るためには、「継続できること」と「定期的に投稿できること」が最低条件です。

ただの記録として、仲間に見せるだけの場合は気にしなくてもいいですが、ある程度人に見てほしいのであれば、何よりも「継続できること」が重要です。
最初はあまり上手でなくても、更新が多ければ、人の目にとまりやすくなります。
そして、多くの人に見られるようになれば、「動画編集」や「トーク内容」も自然と上手になっていきます。

あまり最初から完璧なものを作るのではなく、まずは「継続できること」を第一目標にしてください。
自分なりのパターンができてくると楽になるので、意識して探すといいでしょう。

*

また、多くの実況者が忘れてしまいがちなのが、「主役はコンテンツ(ゲーム)」だということです。

ほとんどの視聴者は、「ゲームのタイトル」や「ゲームの情報」(プレイしている様子)を知りたくて、動画を視聴します。

第1章 「実況動画」を始めよう

　人気実況者であるならいいのですが、実況動画を始めたばかりの人が、マイナーすぎるゲームで遊ぶ、プレイがもたついているといった点があると、視聴される機会も減ってしまいます。

　まずは、分かりやすいゲームタイトルを選ぶ、そのゲームを上手にプレイできる、プレイの様子を見やすくする工夫をするなど、そのコンテンツの魅力が伝わる努力をしてみましょう。

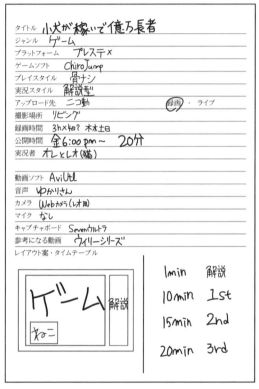

図1-12　実況計画を立てる

■ 視聴数を伸ばすには

慣れてきたら、視聴数を伸ばす工夫を考える必要が出てきます。

たとえば、「動画投稿サービス」には、**"サービスごとの文化"**があります。
「年齢層」や「性別」も違いますし、「シリーズ物」がうけるところもあれば、「リアクション」がうけるところもあるでしょう。
また、「ピークの時間帯」も違います。
自分の強みにあったサービスを選び、そのサービスにあった動画の作り方を考えてみましょう。

コンテンツ（ゲームのタイトル）には競争率が高いものもありますが、そういったものは当然、知名度が高く、アクセスが多くなります。
逆に知られていないコンテンツの場合、ライバルは少ないですが、探し出してくれる視聴者も少ないです。

＊

また、動画編集についても、細かい部分で工夫すると、視聴者にとって見やすい動画になります。
たとえば、ひとつのイベントや画面（ゲームの場合は、オープニングや設定画面）など、見所があまりない部分については、「早送り」をしたり、「解説」を入れるなど、テンポのいい動画になるように工夫してみるのも手です。

＊

以上のように、ターゲットを絞り、それに向けた動画作りを心がけましょう。

「ボイスロイド」を使ってみよう

「ボイスロイド」は、AHS社の「入力文字読み上げソフト」で、人間に近い、滑らかな読み上げができるのが特徴です。
この章では、「ボイスロイド」の基本的な使い方を解説します。

第2章 「ボイスロイド」を使ってみよう

2-1 「ボイスロイド」の使い方

「ボイスロイド」は、音声別に約10種類ほどのラインナップがあり、好みの声を選択することが可能です。

本書では、そのなかでも代表的な「VOICEROID+ 結月ゆかり EX」を利用します。

このソフトには、「単語登録」や「フレーズ登録」「疑問調読み上げ」などの機能が用意されており、イントネーションや読み方をカスタマイズできるようになっています。

> ※機能が異なる「VOICEROID+ 結月ゆかり」というソフトもあります。

*

「ボイスロイド」の使い方は簡単です。

①「テキストボックス」に喋らせたい文字を入力し、②再生して確認し、③「音声ファイル」として保存するだけです。

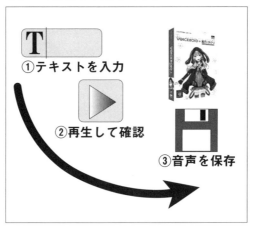

図2-1 「ボイスロイド」の使い方

ソフトの読み上げ機能が優秀なので「調整」もあまり必要ありませんが、「ローマ字名」や、「・」(中黒)で区切られた単語、「特殊な読みの言葉」などは、上手く読まないこともあります。

ただし、このような場合でも、「単語登録」したり、「中黒」の削除、「フレーズ登録」をするなどで、正しく読むようになります。

2-1 「ボイスロイド」の使い方

■「ボイスロイド」の画面構成

「ボイスロイド」の操作は、1つの画面で収まるシンプルなものです。「単語編集」や「音声効果」などは、中央のタブで切り替えて利用します。

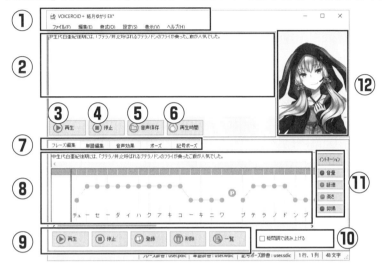

図2-2 「ボイスロイド」の画面構成

①メニューバー
　「ファイル」「編集」などのメニュー欄。

②テキストボックス
　読み上げたいテキストを入力する領域。
　なお、テキストは「テキストファイル」を利用することもできますが、その場合は「メニューバー」の「ファイル」から操作を行ないます。

③再生ボタン
　「カーソル」のある場所以降のテキストを音声として読み上げます(「カーソル」が最後尾にある場合は、先頭から読み上げ)。
　また、「再生ボタン」は、再生中は「一時停止ボタン」に変更されます。

第2章 「ボイスロイド」を使ってみよう

④**停止ボタン**

音声読み上げを停止。

⑤**音声保存ボタン**

音声を「WAVファイル」として保存。

「テキスト」を保存したい場合は、メニューバーの設定にある「音声出力設定」で「テキストファイルを一緒に保存する」を選択します。

保存できるファイルは、「音声」か「読み上げテキスト」のみで、「読み上げの設定データ」を保存することはできません。

⑥**再生時間計測ボタン**

「再生時間」がどのくらいになるのかを計測。

ボタンをクリックすると、計測結果をダイヤログで表示できます。

⑦**タブ切り替えボタン群**

デフォルトでは、「フレーズ編集画面」が表示されていますが、これを「単語編集画面」や「音声効果画面」など、別のタブに切り替えます。

⑧**フレーズ編集画面**

フレーズを「アクセントマーク」(●)で表示(音符の譜面のような感じ)し、下には対応する「モーラ」(テキスト)を表示します。

⑨**フレーズ編集ボタン群**

フレーズ編集時に利用するボタン群。

テキストボックス下部の「再生ボタン」とは、役割が異なります(後述)。

⑩**疑問調で読み上げる**

チェックを入れると、「疑問調」になるように、語尾を上げて読み上げ。

⑪**音声効果タブ切り替えボタン**

「音声効果タブ」を切り替え。

⑫**キャラクター**
　ソフトごとのキャラクターが表示されており、音声に合わせて口を動かします。

■「ボイスロイド」の使用方法

　それでは、「ボイスロイド」を使ってみましょう。

手順 「ボイスロイド」の作業の流れ

[1]「テキストボックス」に文章を入力。
　ここでは、「こんにちは、ダンです。」と入力。
　テキストは、別のところからコピー&ペーストすることも可能。
または、「テキスト・ファイル」(*.txt)の形式であれば、メニューバーの「ファイル」から「テキストを開く」で読み込むこともできる。

[2]「再生ボタン」を押して、「アクセント」や「読み仮名」を確認。
　調整したい場合は、後述する「フレーズの編集」や、「単語編集」を行なう。

[3]読み上げた音声を、「WAV形式」で保存。
　保存されるのは、「音声」と「テキストボックスに入力した内容」のみで、作業全体を「プロジェクト・ファイル」のような形で保存することはできない。

　「テキストボックス」の中のテキストを保存したい場合は、「メニューバー」の設定にある「音声出力設定」で、「テキストファイルを一緒に保存する」を選択する。
　これで、保存先のディレクトリを確認すると、音声の「WAVファイル」とともに、「テキスト」が保存される。

第2章 「ボイスロイド」を使ってみよう

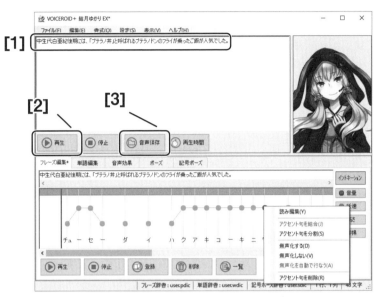

図2-3　「ボイスロイド」の操作手順

図2-4　「テキスト」も保存できる

> **Column** 再生時間の計測
>
> 「ボイスロイド」には、「再生時間」を計測する機能が備わっています。
>
> 動画編集のときに便利なので、必要に応じて利用するといいでしょう。 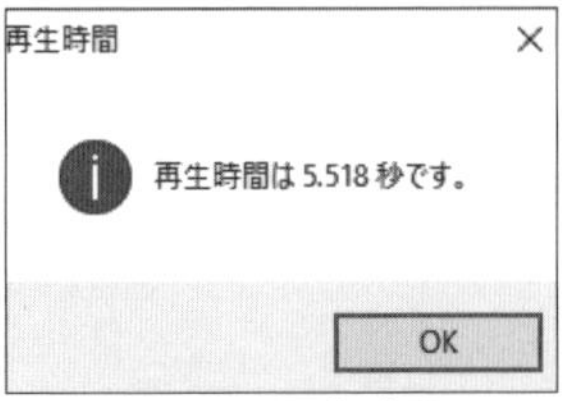
>
> 図2-5　再生時間

2-2　各種の調整方法

　テキストを入力して、そのまま再生するだけでも、ほぼ正確な読み上げが可能ですが、「単語」や「組み合わせ」によっては、調整が必要なこともあります。
　また、「音声効果」や「ポーズ」（無音部分）などの調整も可能です。

＊

調整事項としては、次のようなものがあります。

- **フレーズ（アクセント）**

　同じ読みでも、「アクセント」の位置で意味が変わってくる言葉があります。
　このような場合には、「アクセント」の調整したり、「母音の無声化」を行ないます。

- **読み仮名**

　「読み仮名」の調整方法としては、「単語登録」と「ルビ」があります。
　「普通名詞」や一般的な「固有名詞」には、「単語登録」が向いています。

　一方、「JAF」（ジャフ）のような「略語」など、固有の読み方をするものは、そのとき限りの「ルビ」が向いています。
　ただし、「ルビ」の場合は、フレーズの編集ができないので、注意してください。

- **音声効果**

　「音声効果」の調整には、「全体」に対して音量などを調整する方法と、「一部分」に対してのみ行なう方法があります。
　また、調整できる効果には、「音量」「話速」「高さ」「抑揚」があります。

- **ポーズ**

　「ポーズ」には、「文中短ポーズ」「文中長ポーズ」「文末ポーズ」「開始ポーズ」「終了ポーズ」があり、それぞれ長さを調整できます。
　デフォルトでは、「開始終了」のポーズは、「0」になっています。
　また、特定の記号（#、@、■、●、▲）を「ポーズ記号」として入力できます。

第2章 「ボイスロイド」を使ってみよう

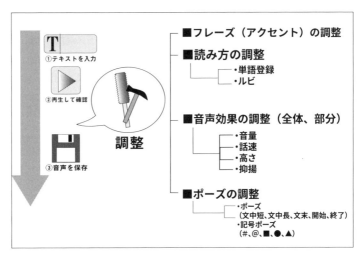

図2-6 各種の調整

■「フレーズ」(アクセント)の調整

「ボイスロイド」では、「助詞」なども正確に判断するため、かなりキレイに読み上げてくれるのですが、先述したように、「中黒」(・)で区切られた単語は苦手です。

これは、「中黒」があると、1つずつバラバラの単語として発音してしまうためです。

また、「非日常的」「超巨大サイズ」などの「接頭辞」が付く単語も苦手です。

「非日常的」の場合は、「中黒」とは逆のパターンで、「非、日常的」ではなく、「非日常的」という1つの単語として認識してしまうため、滑ったような発音に聞こえてしまいます。

*

これらに対処するには、「中黒」を消去する、「句読点」を入れるなどの方法もありますが、「フレーズ編集」で、アクセントを変更することでも可能です。

この「フレーズ編集」の場合は、変更したフレーズ自体を保存することもできます。

●「フレーズ編集タブ」の構成

「フレーズ編集タブ」をクリックすると、「フレーズ編集画面」になります。

右側の「音声効果ボタン」で画面が切り替わっている場合は、「イントネーション」をクリックしてください。

*

画面の構成は次のようになっています。

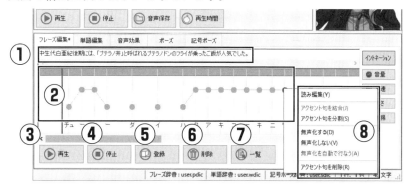

図2-7　フレーズ編集画面

---

①編集対象フレーズ

編集対象になっている「フレーズ」（一文）を表示。

②フレーズ編集画面

「アクセントマーク」（●）をドラッグして直接操作することで、「アクセント」の変更が可能です。

「アクセントマーク」は、基本的には「文節」単位でつながっていますが、この文節単位のつながりを「アクセント句」と呼びます（「助詞」だけが、分割されていることもあります）。

「アクセントマーク」は、自由に動かせるわけではありません。

文節の頭や最後は、単独で動かすことができますが、真ん中の部分は周りも連動して動いてしまいます。

また、長い文節の場合、途中から動かすこともできますが、動かしたマーク以降は、やはり連動して動いてしまいます。

そのため、後述の右クリックで表示される「コンテキスト・メニュー」から、「アクセント句」を分割したり結合したりして、微調整します。

③再生ボタン

画面中段にある「文章全体」を再生するボタンと違い、「編集中のフレーズ」のみを再生します。

「編集中のフレーズ」は、「登録ボタン」を押すまでは、変更が確定にはなりません。
そのため、登録しないまま画面中段の「文章全体を再生するボタン」を押してしまうと、フレーズの編集内容が失われてしまいます。
編集中は、こちらの「再生ボタン」を利用して、「フレーズの発音」を確認してください。

④停止ボタン

フレーズの再生を停止。

⑤登録ボタン

編集したフレーズを登録。
「登録したフレーズ」は「単語登録」された内容とともに、「ユーザー辞書」としてまとめられます。
なお、同じ文章のフレーズは登録できず、上書きされてしまうので注意してください。

⑥削除

最後に登録したフレーズを消去。
それ以外のフレーズは、「一覧」から操作できます。

⑦一覧(ユーザー辞書)

登録したフレーズの一覧。「編集」や「削除」などができます。
また、タブの切り替えで、「登録単語の一覧」も確認できます。

⑧コンテキスト・メニュー

右クリックで呼び出す各種メニューです。

●コンテキスト・メニュー(右クリック)

フレーズ編集画面上で右クリックすると、「コンテキスト・メニュー」を呼び出せます。

メニューには、次のような項目があります。

・読み編集

「読み方」を編集できます。

単に編集しても、「単語辞書」には登録されません)。

編集後に「フレーズの登録ボタン」を押すことで、「フレーズ」として登録されます。

図2-8　登録した「フレーズ」の一覧

・アクセント句を結合/分割

「アクセント句」を結合(分割)したい先頭の文字で右クリックして、適用します。

・無声化

「母音」の無声化を行なうかどうかを設定します。

「口語」(話し言葉)や慣例的に、「母音」が脱落する言葉に使います。

「口語」は「音便化」※することが多いため、発音に違和感がある場合は、母音の無声化を含めた音便化を工夫してみるといいでしょう。

※発音しやすいように語句の一部が異なる音に変わること。

第2章 「ボイスロイド」を使ってみよう

・アクセント句の削除

「アクセント句の削除」を行なうと、その箇所が「無音」になります。

●「フレーズ・タブ」で編集してみる

実際に、「フレーズ・タブ」で編集してみましょう。

*

以下の文章を入力してみてください。

中生代白亜紀後期には、「プテラノ丼」と呼ばれるプテラノドンのフライが乗ったご飯が人気でした。

このように長く、修飾された文章であっても、滑らかに読み上げるのが分かるはずです。

ただ、「中生代白亜紀後期」が連続して発音されるため、不自然になっています。

人間っぽく発音する場合には、「中生代、白亜紀後期」または、「中生代、白亜紀、後期」と発音することが多いでしょう。

「句読点」を入れることでも、それらしくなりますが、連続したアクセント句を切り離して、操作する方法を試してみましょう。

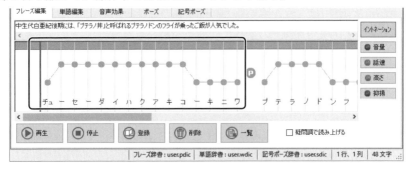

図2-9 1つの単語として発音されている

手順 「フレーズ」の調整

[1]分割したいアクセント句(文節)の、先頭のアクセントマーク(●)の上で、右クリックして「アクセント句を分割」を選択。

　ここでは、「チューセー/ダ/イ/ハクアキ/コーキニワ」の箇所で分割する。

[2]アクセントマークをドラッグして動かして調整。

[3]「フレーズ再生ボタン」をクリックし、音を確認。

[4]納得がいったら、「登録」ボタンで登録。

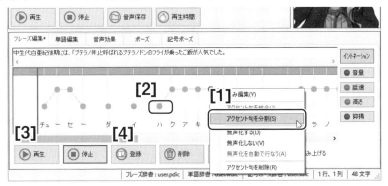

図2-10　フレーズを調整してみる

●「フレーズ調整」のコツ

「フレーズ調整」は、なかなか難しい面もあります。

「中生代、白亜紀、後期」のように句読点で解決したり、別の文言を差し替えるのも手です。

また、「文語」と「口語」や、「流行語」「スラング」では、発音が異なる単語もあります。

たとえば、「原因」(げんいん→げいいん)のイ音便化や、「彼氏」(カレシ→カレシ)のアクセントの平板化などがあります。

他にも「標準語」がしっくりくるとは限りません。

方言の多くは、古い言葉なので、現在とは読み方が違ったり、アクセント

第2章 「ボイスロイド」を使ってみよう

が違う例もあります。

「音便化」が顕著な地域も多くあります。

＊

こうしたフレーズの調整は、"**パターンを見つけること**"が重要です。

方言はある程度同じパターンで、変化が起こっていることが多く、その法則を見つけることができれば、修正作業もはかどります。

■「読み方」の調整

ほとんどの単語は、テキストの入力時点で正しく読んでくれますが、「翼竜」「テチス海」などのやや特殊な用語や、「DAN」(ダン)のような「ローマ字」で書かれたものは、読みを間違うことがあります。

こうした単語は、「単語登録」か「ルビを振る」ことで調整します。

「単語登録」したものは、その後も引き続き利用できるようになるため、「一般名詞」や「一般的な固有名詞」などのよく使うものに向いています。

一方、その場限りでしか使わない言葉については、「ルビ」や「フレーズ」での編集が向いています。

●「単語編集タブ」の構成

「単語編集タブ」をクリックすると、「単語編集画面」になります。

図2-11　単語編集画面

56

①見出し(全角30文字以内)
　読ませたい言葉を入力。

②読み(全角カナ30文字以内)
　読みを「全角カナ」で入力。

③品詞
　品詞を「普通名詞」「固有名詞」「人名」などから選択。
　「普通名詞」は、一般的な名称のことです。
　「固有名詞」は、人名や地名など、そのものにしかついていない名詞のことで、特定のものを表わします(多くは名前)。

④優先度
　「優先度」を選択。
　変更すると、思わぬところで読み方が変わってしまうことがあるので、基本的には「標準」のままにしておきましょう。

⑤再生/停止ボタン
　「フレーズ編集画面」と同じく、単語編集時に使うボタン。

⑥登録/削除ボタン
　単語を登録(削除)します。
　ここで登録するまでは確定されていないので、注意しましょう。

⑦一覧(ユーザー辞書)
　登録した単語の一覧が表示され、「編集」や「削除」などができます。
　タブの切り替えで、「登録フレーズ」の一覧も確認可能です。

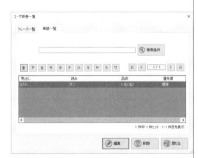

図2-12　単語一覧(ユーザー辞書)

第2章 「ボイスロイド」を使ってみよう

⑧クリア
　入力内容を消去します。

● 「単語編集タブ」で編集してみる
　「単語編集タブ」で切り替えます。
　テキストボックスに、「こんにちはDANです」と入れてみてください。
　すると「こんにちはディーエーエヌです」と読まれてしまうので、「DAN」を「人名」として登録します。

手順　単語の登録

[1]「見出し」を入力（ここでは、「DAN」）。

[2]「読み方」を入力（ここでは、「ダン」）。

[3]「品詞」を選択。
　ここでは「人名」を選択します。「人名」「人名(姓)」「人名(名)」がありますが、苗字も名乗るかもしれないので、「人名(名)」を選択します。

[4]「アクセント・マーク」を動かして調整。

[5]「単語再生ボタン」をクリックして、音を確認。

[6]問題がなければ、「登録ボタン」を押す。

[7]登録が完了。これで「DAN」と入力すると、「ダン」と読むようになります。

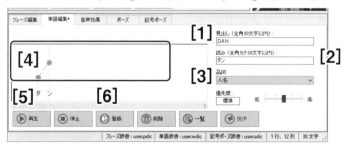

図2-13　単語編集の手順

2-2 各種の調整方法

● 「ルビ」で編集してみる

　先ほど、「フレーズ」の例で入力した文章には、「プテラノ丼」という言葉が出てきましたが、このままだと「プテラノどんぶり」と読まれてしまいます。
　これを、「プテラノどん」になるように変更しましょう。

手順 「ルビ」の設定

[1]「ルビ」を振りたい単語の上(ここでは、「プテラノ丼」)で右クリックして、「ルビ入力」を選択。

図2-14　「ルビ」の入力

[2]「<<単語｜>>」というタグが出てくるので、「｜>」の間に「ルビ」を振る。この例の場合は、「<<「プテラノ丼」｜>>」と出てくるので、「<<「プテラノ丼」｜プテラノドン>>」と入力する。

[3]「再生ボタン」(中段の全体を再生するボタン)をクリックし、音を確認。

[4]問題がなければ保存する。
　この際、最終段階の「音声保存」しか用意されていない点に注意(「ルビ」が含まれるフレーズは、「フレーズ編集」できない)。

図2-15　「プテラノ丼」の読み方を変える

第2章 「ボイスロイド」を使ってみよう

　これで、読みが無事に、「プテラノどんぶり」から「プテラノどん」に変更されました。

＊

　また、後半の「プテラノドンのフライが乗った」という文章の「プテラノドン」と、「プテラノ丼」とでは、アクセントが違っていることに気づいたでしょうか。

　これは、「プテラノ丼」は、「プテラノドン」という名詞ではなく、「プテラノ＋丼」という合体した単語であることを認識しているのです。

> **Column** 「読み方」調整のコツ
>
> 　読み方の調整は、上記にある通り、「ルビ」と「単語登録」を上手く使い分けるのですが、実はもうひとつ方法があります。
> 　それは、「フレーズ編集画面」で右クリックして表示される「コンテキスト・メニュー」から、「読み編集」を選択することです。
>
> 　これら3つの方法は、それぞれ長所短所があるので、状況によって上手く使い分けるといいでしょう。

■「音声効果」を設定

　「音声効果」の設定とは、「音量、話速、高さ、抑揚」などが変更できる項目です。
　これらは、全体的な変更だけでなく、「アクセント句」単位に対しての変更もできるため、特定の単語を強調したかったり、アクセントをより滑らかにしたい場合に有用です。

●「音声効果タブ」の構成

　「音声効果タブ」をクリックすると、「音声効果編集画面」になります。
　スライダをドラッグして調整します。

> ※「フレーズ編集」の右端にある「音声効果ボタン群」は、フレーズを対象としているので、別のものです。

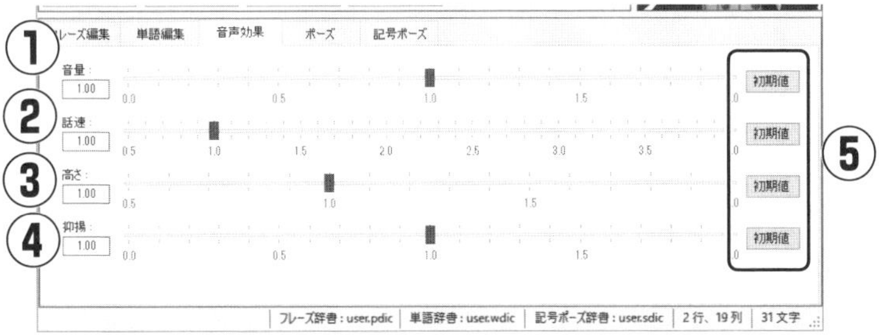

図2-16 音声効果タブ

①音量(初期値：1.0)
　全体の音量。

②話速(初期値：1.0)
　全体の話す速度。
　「2.5」を超えるあたりから、聞き取りづらくなります。

③高さ(初期値：1.0)
　全体の声の高さ。

④抑揚(初期値 1.0)
　全体の抑揚。
　数値が大きいほど抑揚が強くなり、小さいほど機械的で平板なしゃべり方になります。

⑤初期値ボタン
　数値を初期値に戻します。

●「フレーズ編集画面」の「音声効果ボタン」の構成
　「フレーズ編集画面」の右側にある、「音声効果ボタン」で、「アクセント句」単位での調整ができます。
　ポインタを動かすだけでラインが変わるので、指定したい数値のところでクリックします。

第2章 「ボイスロイド」を使ってみよう

　これは、「フレーズ編集画面」の一部でもあるため、再生は「フレーズ再生ボタン」で行ないます。

　登録も同じく、「フレーズ登録ボタン」です。

　「フレーズ編集」への切り替えは、「イントネーション・ボタン」で行ないます。

①音量(初期値：1.0)

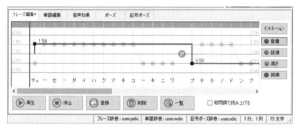

図2-17　音量

②話速(初期値：1.0)

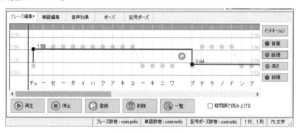

図2-18　話速

③高さ(初期値：1.0)

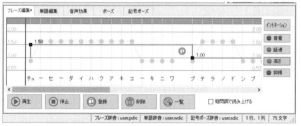

図2-19　高さ

④抑揚（初期値：1.0）

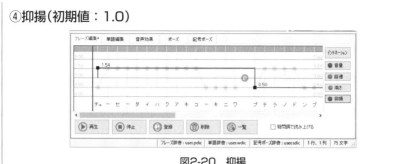

図2-20　抑揚

■「ポーズ」の調整

「ポーズ」は、ある程度自動的に入りますが、任意の箇所で右クリックして入れることもできます。

「ポーズ」には5種類あり、「ポーズ・タブ」で設定できます。

また、特定の記号を「テキストボックス」に記入すると、その箇所は「ポーズ」と見なされます。

これを、「**記号ポーズ**」と呼びます。

図2-21　「ポーズ」の設定

第2章 「ボイスロイド」を使ってみよう

①**文中短ポーズ(初期値:150ms 「80~500ms」の間で指定)**
　文中に入れる短いポーズ。

②**文中長ポーズ(初期値:370ms 「100~2000ms」の間で指定)**
　文中に入れる長いポーズ。

③**文末ポーズ(初期値:800ms 「200~10000ms」の間で指定)**
　文末に入れるポーズ。
　文章の最後は、「終了ポーズ」が入るため、「文末ポーズ」は入りません。

④**開始ポーズ(初期値:0ms 「0~10000ms」の間で指定)**
　テキストの先頭に入ります。

⑤**終了ポーズ(初期値:0ms 「0~10000ms」の間で指定)**
　テキストの最後に入ります。

⑥**改行を文末と見なす(初期値:150ms 「80~500ms」の間で指定)**
　この項目にチェックが入っていると、「改行」が文末と見なされます。
　改行の直前が「読点」(、)の場合は、「文中長ポーズ」が挿入されます。

●「ポーズ」の種類
　①~③の「ポーズ」には優先順位があり、**「文末ポーズ>文中長ポーズ>文中短ポーズ」**という関係性をもっています。
　下位の「ポーズ」は、上位の「ポーズ」よりも長い時間に設定することはできません。
　つまり、「文中長ポーズ」が「文末ポーズ」より長くなったり、「文中短ポーズ」よりも短くなることはないということです。

●「記号ポーズ」の種類
　「#、@、■、●、▲」の5つの記号を、「ポーズ」として利用できます。
　使う場合は、「記号ポーズ・タブ」でチェックを入れます(チェックが入っていない限り、「記号ポーズ」にはなりません)。

2-2 各種の調整方法

図2-22 記号ポーズ

● 「ポーズ」を編集してみる

「ポーズ」の追加や削除は、右クリックの「コンテキスト・メニュー」で行ないます。

このとき、「アクセントマーク」(●)のないところで行なわないと、メニューが出てこないので、注意してください。

図2-23 「ポーズ」を入れる

65

第2章 「ボイスロイド」を使ってみよう

　「ボイスロイド」は、シンプルながらよく出来たソフトです。
　一昔前の「読み上げソフト」は、ぎこちない読み方をする印象が強いものでしたが、「ボイスロイド」であれば、ナレーションとして充分に使えます。

　自分で話す場合は、どうしても、音量にムラがあったり、滑舌が悪い箇所が出てしまいがちですが、「ボイスロイド」は、これらの点について、むしろ優れていると言ってもいいでしょう。

*

　上手く「音声データ」が作れたら、「動画ソフト」で実況画面と合わせていきましょう。

2-3　「イラスト」や「効果音」などの素材

　動画を作るときに、「イラスト」や「効果音」などがあると、表現の幅が広がります。
　とは言っても、誰でも自分で作れない人も多いと思います。

　このようなときは、フリーで提供されている素材を使うのがお勧めです。

■イラスト素材

　「ニコニコ動画」では、「ニコニ・コモンズ」というサイトを設けており、他のユーザーが作った「イラスト」「効果音」「動画」などを、設定された条件内で、素材として使うことができます。

　特に、「ボイスロイド」の場合、声だけでは味気ないのですが、「ニコニ・コモンズ」では「ボイスロイド」用に作られた「キャラクター画像」なども多数公開されています。
　これらを使えば、そのキャラクターを動画上で表示しながらしゃべらせることもできるので、興味があれば利用してみましょう。

　なお、条件によっては、「ニコニコ動画」だけでなく、「YouTube」などでも使うこともできるようです。

2-3 「イラスト」や「効果音」などの素材

図2-24　ニコニ・コモンズ
https://commons.nicovideo.jp

＊

「ニコニ・コモンズ」以外にも、素材提供サイトはいろいろとあります。

たとえば、「nicotalk」というサイトでは、「ゆっくり動画」で使える、いろいろなキャラクターを配布しています。

第2章 「ボイスロイド」を使ってみよう

図2-25　nicotalk＆キャラ素材配布所
http://www.nicotalk.com/nicotalk.html

■ 効果音の素材

　また、音楽や効果音を配布しているサイトとしては、「魔王魂」が有名です。
　アニメやバラエティなどで、よく聞くような効果音は、基本的に揃っています。

　音楽や効果音は、基本的には動画のアクセントとして使います。
　たとえば、実況のテロップに合わせて効果音をつけたり、無音部分に乗せて、つなぎに使ったり、エンディングだと分かる音楽を入れたりと、いろいろなアイデアがあります。
　他の実況動画で、音楽や効果音がどのように使われているか、気をつけて見てみると参考になるので、気に入ったアイデアを見つけたら、自分の動画

2-3 「イラスト」や「効果音」などの素材

にも取り入れてみましょう。

図2-26　魔王魂
http://maoudamashii.jokersounds.com

＊

　この他に「個人サイト」で配布されている素材などもあり、"欲しいな"と思った素材は、基本的に手に入るはずです。
　なお、素材には使用条件が付いていることがほとんどなので、条件がある場合は必ずよく読んで使うようにしてください。

上手に「トーク」するには

「実況配信」には、「トーク」の魅力も重要です。
上手な「トーク」は、実況をより面白いものにしてくれます。
この章では、「話し方」と「話す内容」について、解説していきます。

第3章 上手に「トーク」するには

3-1 「聞きやすく」話す

　自分の声で話す場合、最初に工夫できることは、**「聞きやすく」話す**ことです。

　あまり声が良くなくても、内容がイマイチであっても、「聞きやすく」話すことは、すぐに始めることができます。

■「相手に伝わる」ようにする

　どんなに面白い話をしていても、相手が理解できなければ意味がありません。

　電車の中で、スマホで話している人を思い浮かべてください。
　これを不快に思う人は多くいるはずです。

　しかし一方で、電車に乗っている人同士の会話はどうでしょう。
　こちらはあまり気にならない人のほうが多いのではないでしょうか。

　これは、電話の場合、会話の片方だけ聞こえて、分かりそうで分からない話であるのが原因のひとつです。
　このように、内容がキチンと伝わらないと、相手を不快にさせることになるので気をつけてください。

＊

　また、相手に伝わるようにするなかでも、**「オチや笑いどころを聞き取れるように伝える」**ことが重要です。
　まずは、この点を意識して、実況にのぞんでみましょう。

3-1 「聞きやすく」話す

図3-1　キチンと伝わるように話す

■ 話し方の技術

「相手に伝わるように話す」には、それなりの技術が必要です。

いちばん分かりやすいのは、「**アナウンサー**」の話し方です。
「盛り上がり」はありませんが、情報はハッキリと伝わります。
アナウンサーのレベルまでとはいかないまでも、ある程度は「話す技術」を磨くようにしましょう。

*

相手に伝わるように話す技術には、2種類あります。
それは、「**聞きやすい**」話し方と、「**分かりやすい**」話し方です。

第3章 上手に「トーク」するには

「聞きやすい」と「分かりやすい」は同じように思えますが、実際には別の技術です。

なぜなら、「聞きやすい」話し方は、「**一定であること**」であり、「分かりやすい」話し方は、「**一定ではないこと**」だからです。

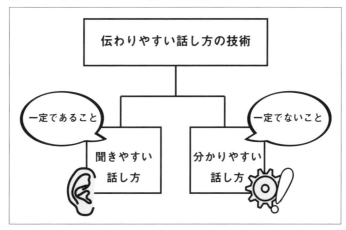

図3-2 伝わりやすい話し方

■「聞きやすい」話し方

「聞きやすい」話し方の「一定」とは、(a)「**音量**」が一定、(b)「**声の高さ**」が一定、(c)「**話す速さ**」が一定、(d)「**発音**」が一定（滑舌が良いこと）——です。

興奮して早口で話してしまったり、叫んだり、声が極端に高くなったりすると、その部分は聞き取りづらくなります。

解説やうんちくを話している最中に、重要な箇所が聞き取れなくては、内容も伝わりません。

アナウンサーのように正確である必要はありませんが、意識してしゃべってみてください。

●「音量」が一定

自分では一定の「音量」で話しているつもりでも、意外とそうではないものです。

実況の最初は聞き取りやすい大きさの声で話していても、ゲームなどに集

3-1 「聞きやすく」話す

中しはじめたとたんに声が小さくなったり、逆に興奮して大声になってしまうことがあるので、極端に上下しないように心掛けてみましょう。

あまり意識しすぎると不自然になりますが、「大きな声」は音が割れない程度に、「小さな声」はキチンと伝わる程度に留めるのがポイントです。

> ※「叫び声」を出す実況もありますが、実は「叫び声」は大きな声を張り上げる必要はありません。
> アニメや映画での叫び声を意識して見てみると、そこまで大声を出していないのが分かると思います。

＊

また、音量の問題は、「マイク」とも密接な関係があります。

マイクには「指向性」というものがあり、マイクの正面でないと音を録音ができない「**単一指向性**」と、ある程度マイクの後ろからでも録音できる「**無指向性**」があります。

「無指向性」であれば、多少マイクの正面からズレても大丈夫ですが、「単一指向性」の場合、機種によっては少しズレると音が録音できないものもあります。

また、「マイク・スタンド」でマイクを利用する場合には、どの位置がベストであり、どの程度動けるのか確認しておきましょう。

図3-3 マイクの指向性

第3章 上手に「トーク」するには

● 「声の高さ」が一定

これは、主に「**高い声**」に注意が必要です。

興奮しすぎて甲高い声で喋り続けると、聞きづらくなる上に、「早口」や「会話の暴走」を招く原因にもなります。

興奮しているな、声が高くなっているな、と感じたら、少しトーンダウンするように心掛けましょう。

＊

「声の高さ」も、「マイク」と関係があります。

「マイク」には、指向性以外に「**ダイナミック・マイク**」と「**コンデンサ・マイク**」という種類があります。

細かい説明は省きますが、「ダイナミック・マイク」は頑丈ですが録音できる音の範囲が狭いのが特徴です。

一方、「コンデンサ・マイク」は、高音も良く拾えますが、ノイズも良く拾います。

つまり、「ダイナミック・マイク」では大丈夫でも、「コンデンサ・マイク」では、高音が気になることがあるということです。

このように、「マイクの特性」にも注意しましょう。

● 「話す速さ」が一定

話す早さについては、「**ゆっくりすぎるかな？**」と思うくらいでちょうどいいものだと考えてください。

先述しましたが、人は興奮すると、早口になってしまいがちです。

早口になると、視聴者が聞きづらいだけでなく、話す内容が追いつかなかったり、変にあがって何を話していたか分からなくなる原因にもなります。

早口になっていると感じたら、一息入れて、早さを戻すように意識してみましょう。

また、トークに慣れていないうちは、無言状態のプレッシャーに耐えられず、雑談で穴を埋めようとすることも多くなります。

ただし、雑談の最中に何かのイベントが起こると、慌てて説明することになるため、それが早口になる原因にもなりかねません。

雑談がいけないわけではないですが、沈黙を回避するための無理な雑談は、実力が必要です。
最初のうちは、チャレンジしないほうが無難でしょう。

● 「発音」が一定（滑舌が良いこと）
よく「滑舌が良い」「滑舌が悪い」などと言いますが、それは、「**正確に発音されていない音がある**」「**発音が一定でない**」ということです。
滑舌の悪い原因は、口の開き方もさることながら、舌の動きや、喉の開き方、姿勢にも原因があります。

ただ、話すたびに意識していると、話の内容がおろそかになるので、「なんだか滑舌が悪いな」と感じたときに、お風呂などで練習してみてください。
手鏡などを用意して、実際に口の動きを見ながら行なうといいでしょう。

*

以降に、「アイウエオ」それぞれの段の、「口の開き方」「舌の動き」「喉の開き」を解説します。

＜ア段＞

口の形	縦長に広げた形。上歯と下歯に三本指を入れた間隔。
舌	口腔内に平らになる。
喉	よく開きやすい。「あくび」のときと同じように意識するとよい。

基本になる母音であり、最も素直に音が出ます。
「ア」の形から少し唇を横に開くと「エ」になり、さらに開くと「イ」になります。
また、唇を横に閉じると「ウ」になり、さらに閉じると「オ」になります。
発声練習をするときにも使う形です。まずは、きちんと開けるようにしましょう。

＜エ段＞

形	「ア段」の形から、少し唇を横に開く。唇の力は抜く。
舌	「ア段」よりは少し上がる。舌根に力が入りやすいので、力を抜く。

第3章 上手に「トーク」するには

「少し唇を横に開く」と書いていますが、形を身につけるためには、唇を横に開く筋肉を意識することが重要です。

後述の「イ段」が一直線に横に開くのに対し、やや「スクエア型」に開きます。

頭部での共鳴を起こしやすい音です。「喉」というより「頭蓋」で音が響いているのが分かります。

<イ段>

形	「エ段」の形から、徐々に唇を横に開く。上下は自然と閉じられる。
舌	最も上がり、前に出る。そのため、舌の先を下にして、舌全体を喉の奥のほうに引くようにするとよい。
喉	喉にもっとも力が入りやすい形。意識して喉の力を抜くこと。

「イ段」は、もっとも喉が緊張しやすい音であり、母音では最難関の音です。

そのため、声も詰まりやすく、訓練して喉を開けるようにしなければなりません。

舌を少し下に向けるようにすると、喉が少し開きます。

分からない場合は、「エ段」と「イ段」を交互に発音してみると良いでしょう。

「共鳴」は、口の中(口腔内)で起こります。

あまり共鳴してないと感じる場合は、共鳴させるように意識してください。

口の形も、曖昧な人が多く、滑舌が悪い原因になりやすいです。

大げさなくらいぐっと上に引き上げる訓練をすることで、普段からスムーズに開くようになります。

顔が筋肉痛になるようであれば、頬をよくマッサージしましょう。

<オ段>

形	「ア段」の形から、徐々に唇を横に閉じる。 唇に力が入りすぎないようにする。
舌	下がり、舌全体がやや喉の奥に向かう。
喉	喉は開きやすく、喉を開く感覚を掴みやすい。

「オ段」は、喉の奥で共鳴を起こしやすい音です。
また、「イ段」ほどではないですが、口の形も曖昧になりがちです。

＜ウ段＞

形	「オ段」の形から、徐々に唇を上下及び横に閉じる。口を突き出しすぎないようにする
舌	上に上がる。
喉	閉まりがちになる。首筋から両肩にかけて力が入りやすい。

「ウ段」は「イ段」に続き、発音の難しい音です。
「共鳴」も口先でするため、強い音が出ず、ある意味、「息の強さ」が重要になります。
喉をどうこうすることは難しいので、「口の開き方をしっかりする」こと、「舌の位置を工夫する」ことを意識してみましょう。

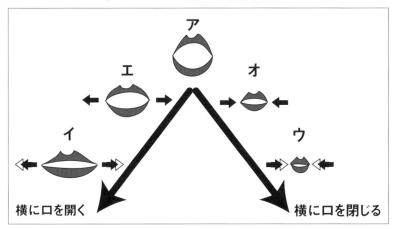

図3-4　口の開き方

● 「準備」と「発声練習」

滑舌を良くするには、「発声練習」が欠かせません。
音楽や演劇などの世界では、さまざまな「発声練習」の方法がありますが、どれでも基本は「**母音をハッキリ発音すること**」です。
このとき、口や喉の開き方、舌の位置をよく意識します。

＊

第3章 上手に「トーク」するには

　また、「発声練習」の前や、「配信」の前には、体や喉を温めておくことをお勧めします。
　喉が冷えた状態で無理に声を出すと、喉を痛める原因になります。
　軽く運動をしてから「発声練習」をしたほうがいいでしょう。

● 「発生練習」の種類

　「発声練習」の方法は、複数あります。
　気に入ったものをひとつ、毎日やるように習慣づけましょう。

・あえいうえおあお｜かけきくけこかこ｜させしすせそさそ……(パ行まで行なう)
・あえいおうん｜あえいおうん｜あえいおうん……(何度も繰り返す)
・アメンボ赤いなアイウエオ｜浮き藻に小エビも泳いでる｜柿の木栗の木カキクケコ……(北原白秋作)

● 早口言葉(3回ずつ言う)

　「早口言葉」のコツは、最初はゆっくり、徐々に速くしていくことです。
　「早口言葉」を訓練することで、舌が適正な位置に置けるようになります。これもいろいろなものがあるので、探してみてください。

　また、個人によって得意な言葉と不得意な言葉は違います。
　苦手な言葉を上手く探し出して、何度も訓練しましょう。

・歌唄いが来て歌唄えと言うが、歌唄いくらい歌うまければ歌唄うが、歌唄いくらい歌うまくないので歌唄わぬ
・書きかけ書こうかかけっこか買い食いか危険危険今日が期限だ書きかけ書こう
・アンリルネルノルマンの流浪者の群れはアンリルネルノルマンの落伍者の群れと言い改められなければならない
・お綾や、八百屋にお謝り、お綾や、お母親にお謝りなさい

3-1　「聞きやすく」話す

● 「舌」や「顔」のストレッチ

　「舌」も「顔」も筋肉です。
　うまく動かすためには、「ストレッチ」や「筋トレ」が必要です。

　「舌のストレッチ」は、「舌」を思い切り突き出したり、右や左に出す、上下に激しく動かすなどします。飴を舐めるのもいい運動になります。
　普段から、「顔の筋肉」を動かすクセをつけておきましょう。
　「発生練習」をするのも効果があります。

● 発声や歌で「喉」を温める

　「喉」を温めるいい方法は、「運動」「発声」「歌」です。

　「発声」は、「あー」「えー」「いー」…と、息の続く限り声を出し続け、「あえいおうん」の1セットを3回行ないます。
　これは自分の共鳴を確認したり、肺活量を増やす訓練にもなります。

　「歌」は、無理に声を出さない自分の音域で歌える、あまり難しくない歌を3回歌います（喉の筋トレにもなります）。

　「発声」は、喉の調子を暖めるために行なうものなので、無理をするのは厳禁です。

■ 分かりやすい話し方

　「聞きやすい」話し方は、「一定であること」ですが、「分わかりやすい」話し方は、「一定ではないこと」です。

　たとえば、「山」がたくさんある場所で、1つだけ少し高い山があっても、どれなのか分かりづらいでしょう。
　しかし、平地に1つだけ山があれば、「ここだ！」とすぐに分かります。

　言わば、「話し方を一定にすること」は「平地を作ること」であり、その中で強調したい場所を「山」にするわけです。

第3章 上手に「トーク」するには

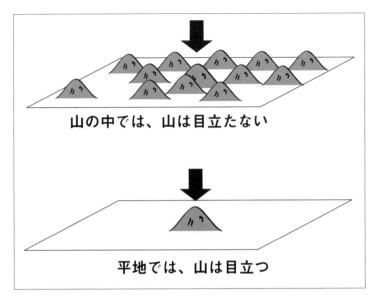

図3-5 「強調したい部分」だけを山にする

　このように目立たせることを「粒立てる」と言います。
　「粒立てる」ことは、話し方で説明した「一定にする」ことの逆をすればいいのです。

　つまり、(a)「音量」を大きくする(または小さくする)、(b)「声の高さ」を変える、(c)「話す速度」を変える――ということです。
　「声色」の伝わりやすさは、「音量」は「大＞小」、「声の高さ」は「高い＞低い」(場合によっては、「低い＞高い」)、「話す速度」は、「ゆっくり＞速い」となっています。
　これを使ったり、組み合わせると、強調されます。

　たとえば、

> 蟹が前向きに歩いてたから、「どうしたんだ？」って聞いたら、「ちょっと酔ってるもんで」って言われたんですよ

というセリフの場合、最も強調すべきは、オチの「酔ってるもんで」の部分です。

3-1 「聞きやすく」話す

ここを粒立てるひとつの方法は、「声を大きくすること」です。
実際に声に出して、読んでみてください。

図3-6　声を大きくして粒立てる

そのまま、「酔ってる」の部分のみ声を大きくした場合、言いづらかったのではないでしょうか。

ここで、組み合わせとして、声を大きくする前に、「ポーズ」(休止)を入れてみましょう。
「ちょっと」と「酔ってる」の間に、1拍だけ「ポーズ」を置きます。

図3-7　粒立てる言葉の前に「ポーズ」を入れる

声を大きくするだけよりも、発音しやすくなり、聞く側にも分かりやすく

第3章 上手に「トーク」するには

なりました。

これだけでも効果がありますが、さらに、「酔ってる」の速度を変えて、少しゆっくり発音してください。

図3-8 ゆっくり発音する

どうでしょうか。「酔っている」の部分だけ強調されたのが分かったでしょうか。

これに加えるとすると、あとは「音の高低」です。

こういうときは、少し「低い声」で言うと、印象が強くなります。

*

この小話で重要なのは、「オチ」ですが、「オチ」を理解するためには、「蟹」が「前向き」で歩いていたことが前提です。ここが伝わっていなければ、意味のない話になってしまいます。

「蟹」ではなく、「猿」や「兄」なら、前向きに歩いていてもおかしくないからです。

ですから、「酔ってる」を粒立てることができたら、次は、「蟹」と「前向き」を粒立ててみましょう。

このように、一定の調子で話している最中に「調子が乱れる」箇所は、聞き手に強く伝わります。

「一定であること」と、「一定でないこと」をうまく使って、話せるようになりましょう。

3-2 声を良くする

「声を良くする」のは、ある程度は可能です。
アマチュアであっても、良い声であるのにこしたことはありません。

声を良くするには、「**腹式呼吸**」や「**共鳴**」「**喉の使い方**」がキチンとできていることが重要です。

> ※自分の声を録音すると、「自分の声じゃないみたいな変な声」だと感じる人も多いと思います。
> これは、普段は「骨導音」(頭蓋骨に振動が伝わった音と、耳から聞いた音(気導音)が混ざった状態)で聞いているのに対し、録音した音は「気導音」のみなので、違和感があるのです。
> 「骨導音」は、自分にしか聞こえないので、他人が聞いている音は「気導音」のものになります。

■「発声法」と「腹式呼吸」

「胸式呼吸」よりも「腹式呼吸」が良いとされる理由は、肺にたくさんの空気を取り込みやすく、強く息が吐けるからです。

名前が「腹式呼吸」となっていますが、実際には「腹筋」だけでなく、「背筋」「腰筋」「腹筋」など、さまざまな筋肉を意図的に使います。
ですから、お腹ばかりがペコペコと動いている人は、本当の「腹式呼吸」にはなっていません。
筋肉を動かして、肺を膨らますことが重要で、お腹が動くことは重要ではありません。
筋肉の動きをよく理解し、自分でコントロールできるようにしましょう。

＊

最初から座った状態で、正しく発声するのは難しいので、まずは「立った状態」で発声に慣れていきましょう。
筋肉の動きがよく分からないときは、寝転んで筋肉を触りながら行なうのもいい方法です。

第3章 上手に「トーク」するには

●発声の基本姿勢

発生の際の姿勢については、以下のポイントを意識してください。

- 足を肩幅に開き、重心は両足の真ん中に置く。
- 視線はまっすぐ前を向く。上を向くと喉が閉まり、顎を引きすぎても、首に力が入ってしまうので、頭の状態は自然さを心掛ける。
- 両肩を思い切り高く上げ、次に後ろに引き、その位置でできるだけ下げる（要は肩が内側に入らないようにする）。
- 全身の力を抜く。
- 膕（ひかがみ：膝の裏の窪んでいる場所）を緊張させる。よく分からなければ、「ふくらはぎ」の上のほうを緊張させると、連動して緊張する。
（もし、しっくりこないようであれば、足の指で地面を掴むように力を入れ、膝は力を抜いて軽く曲げる方法でもいい。膝の力の入り方は逆であるが、どちらも腰筋を下げるのに役立つ）。
- 「背筋」「腰筋」「腹筋」を下げ、「肺」に多くの空気を入れる。

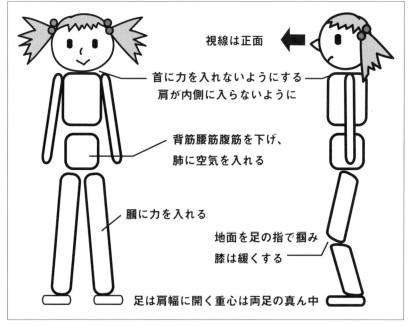

図3-9 発声の基本姿勢

3-2 声を良くする

●日々心掛けること
　「喉」は鍛えれば鍛えるほど、良くなってきます。
　営業の人や学校の先生は、声がよく通ります。これは、人に向けて話すことが多いからです。

　大きな声を出すような発声練習は難しいかもしれませんが、「腹式呼吸」の練習や、「早口言葉」の練習、「舌の動かし方」などは、さほど大きな声ではありません。
　車での通勤の人は、車内で練習するのもいいでしょう。

　電車の中では、声を出さずに、息だけを出すような練習方法がお勧めです。
　他の乗客の迷惑とならないような場所で、息を長く出したり、鋭く出しながら、「喉」や「体」の筋肉を鍛えます。
　電車でつり革に捕まらず、重心をとり続けるのも良い練習です。

*

　また、「喉」は大事にしましょう。
　力が入ったり、冷えた状態では、「喉」が悪くなってしまいます。

　実況の前には、体を温めたり、発声練習をするなどして、「実況のウォーミングアップ」を行ないましょう。
　こうした少しずつの心掛けが、徐々にあなたの声をよくしてくれるはずです。

第3章 上手に「トーク」するには

3-2 「トーク内容」について考える

　素人の実況配信と言えど、コンテンツのひとつです。
　扱う題材が面白そうだったり、視聴者の興味のある内容であれば、見てもらえる確率が上がります。
　でも、同じような配信をしている実況者は多いため、クオリティが低ければ、高いほうに流れてしまうのが普通です。

＊

　…こう書くと、自信がなくなってしまった人もいるかもしれません。
　しかし、しょせんは「素人の実況配信」です。
　誰しも最初はクオリティが低いものなのですから、回数を重ねながら、質を上げていきましょう。

　実況を始めたばかりのうちは、アクセス数も伸びないかもしれませんが、地道に経験を積んでください。

■ 準備を整える

　録画や配信を行なう前に、いくつかの準備を整えましょう。
　準備もせずに、成り行きで始めるのはお勧めしません。

●「台本」や「ネタ帳」を作る

　トークを"手ぶら"でするのは危険です。
　ゲームをしているうちに、何を話したかったか忘れたり、言葉につまったりするかもしれないからです。
　こういった事態に備えて、ゲームのタイミングごとに話したい内容や段取りを、「台本」や「ネタ帳」の形で書いておきましょう。

　「台本」があるからといって、それを丸暗記しなければならないというわけではありません。
　どんな内容を話すか、トークの助けになるくらいのものであればいいでしょう。
　話したいことを「台本」にまとめることで、話すネタがどのくらいあるか、面白いかどうか、客観的に見られるようにもなります。

3-2 「トーク内容」について考える

ネタは、机に向かって「さあ書こう」と思っても、出てこないかもしれません。
普段の電車に乗っている時間や、暇つぶししている時間などに、思いついたことは、「メモ帳」でも「スマホ」でもかまいませんので、メモっておきましょう。

●「リハーサル」をする

台本が出来たら、「リハーサル」をしましょう。
なんとなく気恥ずかしくなってしまって、「台本もあるからブッツケでいこう」と考えるかもしれませんが、大ゴケしたくなければ、「リハーサル」すべきです。

「リハーサル」でチェックすべき項目は、「時間」と「ネタ」の塩梅です。
自分の声やしゃべり方を客観的に聞く機会でもあるので、実況をする前に、トーク内容だけ録音して練習するのもいいかもしれません。

なお、特に「ゲーム実況」の場合は、事前に「テストプレイ」をしておいたほうがいいでしょう。
「テストプレイ」をしておくと、実況すべきポイントや、プレイの合間に説明として使える時間、台本で練り直しをすべき部分などが見えてきます。

■「トーク内容」を組み立てる

「トーク内容」は、人気実況者の分析をすることから始めるのが近道です。
どのような種類の発言をしているのか、分類しながらメモを取ってみましょう。
また、「動画時間」も確認してください。

図3-10　人気実況者の実況を分析

第3章 上手に「トーク」するには

●ゲームを楽しんで親近感をもってもらう

分析をしていくと、人気実況者の魅力のひとつは、「親近感」であることに気づくはずです。

素人映画を見る人は少ないですが、友人の作った映画であれば、見る人も多いでしょう。

それと同じことで、人気実況者の多くは、トークが上手ですが、それだけでなく、親しみがわくようなキャラ作りをしています。

「コミュニケーションを多く取る」ことも方法のひとつですが、トークの内容に親しみをわかせるような要素があるケースもあります。

*

親近感をもってもらうテクニックとしては、(a)楽しそうである、(b)共感できる、(c)失敗を隠さない——といった点が挙げられます。

視聴者も楽しみたくて見ているのですから、(a)は重要です。

(b)や(c)は、実況者のスタイルもありますが、(a)だけはすぐにできることです。

少しオーバーなくらい、楽しいことは楽しい、怖い時は怖い、面白いときは面白いと、感情を出していくことで、楽しんでいることが、視聴者に伝わります。

●「世界」と「メタ」

ゲーム実況の場合、プレイしている最中のコメントで、トークの上手な人がよく使っているテクニックがあります。

それが「世界とメタを行き来すること」です。

「メタ」とは、「メタ・フィクション」の略で、世界観の外の状況や、外からの視点を、中の人間が発言するような小説技法のひとつです。

例で言えば、推理小説で、「犯人は、この本を読んでいるあなたです！」とやったり、マンガの登場人物が「このマンガの作者もこう言っている」などと話すようなものが、「メタ」です。

*

「ゲーム実況」では、ゲームの中の人物になりきってセリフを言う場面もあれば、ゲームをプレイする人間としての発言もあります。

3-2 「トーク内容」について考える

これを実況者が繰り返すことで、「ボケ」と「ツッコミ」が発生します。

「笑い」には、「ボケ」と「ツッコミ」と「観客」が存在します。
「ボケ」に対して「ツッコミ」、それを見ている「観客」です。
実況者が世界の中の人物として「よおーし、俺、この魔王倒したら彼女作るんだ！」と「ボケ」発言をした場合、視聴者は「それ、死亡フラグだろ」と「ツッコミ」になりつつ、同時にそれを笑う「観客」にもなります。

一方、実況者が「このパーツ使って、戦車作れとか、無茶ぶりしすぎだろ！」と、ゲームの「ボケ」に「ツッコミ」する場合、視聴者は「観客」になって笑います。
このように、実況者が「ボケ」と「ツッコミ」を繰り返すことで、視聴者も「ツッコミ」と「観客」を行き来するわけです。

図3-11 「世界観の中の発言」と「メタ発言」

＊

この章では、「トーク内容」と「発声法」について説明しました。
そのなかで2つのバランスが出てきました。
「一定であること」と「一定でないこと」、「ボケ」と「ツッコミ」のバランスです。

なお、この他にも「アマチュアのネット配信」に大切なバランスがもう1つあります。「プロ意識」と「アマチュアの気楽さ」です。

人に見てもらうコンテンツである以上、「プロ意識」をもつべきですが、あまり気負いすぎても更新しづらくなってしまいます。
気楽に構えつつ、少しずつ技術を上げていければ、連動して視聴者も付いてくるでしょう。

「動画編集」&「ライブ配信」を してみよう

本章では、「動画編集」と「ライブ配信」を行なってみましょう。
「動画編集ソフト」は、フリーでも多機能なソフトがあります。
また、「ライブ配信」もソフトを使うと、2窓配信などが手軽にできます。

第4章 「動画編集」&「ライブ配信」をしてみよう

4-1 「AviUtl」を使ってみよう

無料で使える「動画編集ソフト」で有名なのは、「Windowsムービーメーカー」と「AviUtl」(エーブイアイ・ユーティル)です。

「Windowsムービーメーカー」は初心者向け、「AviUtl」はプラグインを使って高度な編集がしたい人向け、と言えるでしょう。

ここでは、主に「AviUtl」の基本的な使い方について、解説していきます。

*

「AviUtl」は、「KENくん」氏が個人で開発する、無料の動画編集ソフトです。

初期機能はとてもシンプルで、「AviUtl」のみでは、できることは多くはありません。

しかし、豊富な**「プラグイン」(拡張機能)**が用意されているため、これらを上手く使えれば、本格的な動画編集ソフトにも劣らないものになります。

「プラグイン」の使い方は、難しいものではありません。
「プラグイン」のファイルをダウンロードして、指定の場所に置いたり、インストールするだけです。

■「AviUtl」と「プラグイン」

「実況動画」を編集するために「AviUtl」を使う場合、**図4-1**のような構成が考えられます。

あくまでも一例なので、「プラグイン」(拡張機能)は、他のものを使ってもかまいません。

「ダウンロード場所」や「解凍場所」はどこでもいいですが、「インストール場所」は注意が必要です。

「AviUtl本体」は「Cドライブ直下」に置き、「拡張編集Plugin」と「L-SMASH Works」のプラグインは、「AviUtl」の実行ファイル(aviutl.exe)のあるフォルダに置きます。

また、「x264guiEx」は、インストール作業を行ないます。

4-1 「AviUtl」を使ってみよう

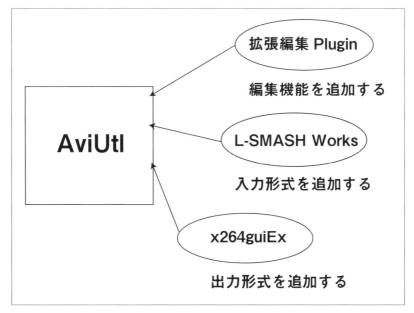

図4-1 「AviUtl」の構成

● AviUtl(本体)
動画編集ソフトの本体です。

＜ダウンロード場所＞

AviUtlのお部屋（http://spring-fragrance.mints.ne.jp/aviutl）

インストールは、「Cドライブ直下」(Cドライブを開いてすぐの場所)が無難でしょう。

● 拡張編集Plugin(編集機能)
これがなければ、さまざまな編集はできません。「タイムライン」などの機能も含まれています。
本体と同じく、「AviUtlのお部屋」からダウンロードします。

解凍したら、フォルダの中身を「AviUtl」のフォルダにコピーしてください。このとき、「Plugin」という名称のフォルダに入れてから、「AviUtl」のフォ

第4章 「動画編集」&「ライブ配信」をしてみよう

ルダに入れる方法もありますが、上手くいかないこともあるので、中身だけを一緒の場所に置くことをお勧めします。

＊

インストールが上手くいったかどうかは、メニューバーの「設定」に「拡張編集の設定」の項目が表示されることで確認できます。

そのまま選択すれば、「プラグインの編集ウィンドウ」が現われます。

もし、「Plugin」フォルダに入れている場合は、同じく「設定」に「Plugin」があり、その中に「拡張編集の設定」があります。

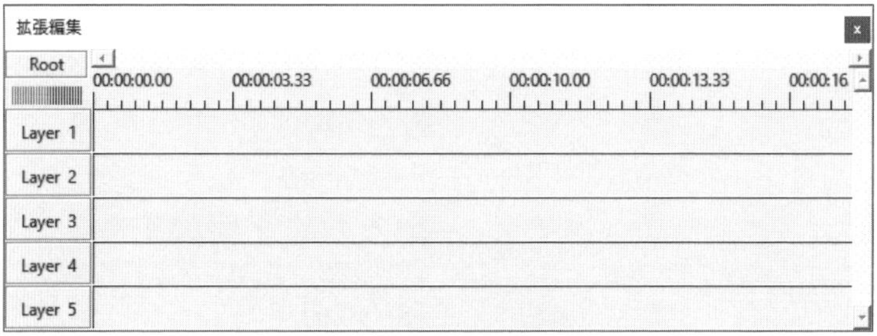

図4-2　プラグインの編集ウィンドウ

● L-SMASH Works（動画読み込み機能）

動画には、いろいろな形式があります。
ソフトによって、対応している形式は異なります。

＜ダウンロード場所＞

POP@4bit（http://pop.4-bit.jp/）

このプラグインを入れておくと、さまざまなファイル形式の動画を読み込めるようになります。

＊

インストールは、「拡張編集Plugin」と同じように、解凍したフォルダの中身を「AviUtl」のフォルダにコピーしてください。

その後、メニューバーの「その他」から「入力プラグイン情報」を確認します。

4-1 「AviUtl」を使ってみよう

ダイアログのリストに「L-SMASH Works」が含まれていれば、インストールは完了です。

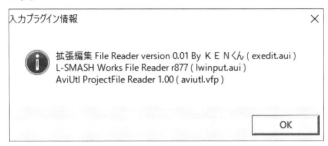

図4-3　入力プラグイン情報

● x264guiEx（ニコニコ動画、YouTube用に動画を保存する機能）

「ニコニコ動画」や「YouTube」に動画をアップロードするには、映像と音声の「エンコード形式」が、指定されたものである必要があります。

「mp4」であれば問題ないと思うかもしれませんが、「mp4」というのは「エンコード形式」ではなく「ファイル形式」です。

もう少し細かく言えば、「mp4」は、ある形式で保存された「映像」と「音声」が入っている、「入れ物」です。

*

中に入っている映像や音声の形式はさまざまです。

そのうち、「ニコニコ動画」や「YouTube」に対応する映像の保存形式は、「H.264」というものになります。

一方、「AviUtl」にデフォルトで用意されているのは、「Avi」形式のみなのですが、「x264guiEx」を使うと、「H.264形式のmp4ファイル」で保存できるようになります。

＜ダウンロード場所＞

rigayaの日記兼メモ帳（http://rigaya34589.blog135.fc2.com/）
右カラムの「いろいろ」→「○Aviutlプラグイン」から最新版をクリック

「mp4」（H.264形式）の動画出力を可能にするプラグインです。

先ほど言ったように、「AviUtl」の標準の状態では「AVI形式」にしか対応できないので、「x264guiEx」も必ずインストールしましょう。

第4章 「動画編集」&「ライブ配信」をしてみよう

＊

インストールは、解凍したフォルダの中に「auo_setup.exe」という実行ファイル（exeファイル）があるので、ダブルクリックしてください。

続けてファイルを実行するダイアログが出るので、許可します。

また、途中でインストール先フォルダを選択する画面が表示されますが、「AviUtl」の実行ファイル（aviutl.exe）がある場所を指定してください。

インストールが終わったら、メニューバーの「その他」から「出力プラグイン情報」を確認します。

ダイアログのリストに「x264guiEx」が含まれていれば、インストールは完了です。

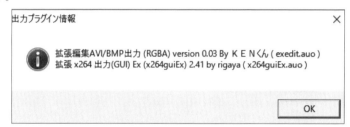

図4-4　出力プラグイン情報

4-2 「AviUtl」の設定

動画の編集を行なう前に、いくつかの設定をしておきます。

■「拡張編集Plugin」を起動

「AviUtl」を起動したら、「拡張編集Plugin」が使えるように、「設定」から「拡張編集の設定」を選択します。

もし、「拡張編集Plugin」を「Plugin」フォルダに入れている場合は、「Plugin」という項目の中にあるので、探してください。

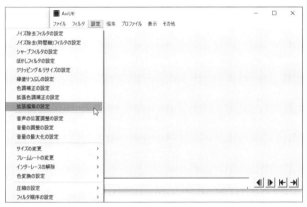

図4-5 「拡張編集Plugin」の起動

■「最大画像サイズ」を変更

「最大画像サイズ」はデフォルトでは小さいので、サイズを大きくします。
「ファイル」→「環境設定」にある「システムの設定」で変更します。

編集したい動画のプロパティから「画像サイズ」を調べて、その数字を入れます。
(もし、編集したい動画の画面サイズが、デフォルト値以下の場合は、変更の必要はありません)。
　ここでは、「幅1920×1080」としてあります。

また、一緒に「再生ウィンドウの動画再生をメインウィンドウに表示する」にチェックを入れておくと、編集時に便利です。

図4-6　システムの設定

＊

設定が終わったら、「AviUtl」を再起動してください。

■「読み込むファイルの種類」を増やす

プラグインを入れているにもかかわらず、ドラッグ＆ドロップで読み込めない「動画ファイル」があるかもしれません。

その対策として、「読み込むファイルの種類」を追加しておきましょう。

＊

インストールしたフォルダ内にある「exedit.ini」を、テキストエディタで開きます。

ここに、「読み込むファイルの種類」を追記して保存します。

図4-7　ファイルの拡張子を増やす

4-3 「AviUtl」の構成

「AviUtl」は、複数のウィンドウで構成されていますが、「拡張プラグイン」を入れると、さらに増えます。

＊

以下は、本書で扱う構成です。

図4-8 「AviUtl」の構成

①AviUtl本体
「AviUtl」の本体部分で、編集内容が表示されます。

②再生ウィンドウ
動画を再生する際は、「AviUtl本体」ではなく、こちらで行なわれます。
ウィンドウの数が増えますし、面倒なので、メニューバーの「ファイル」→「環境設定」にある「システムの設定」で、「再生ウィンドウの動画再生をメインウィンドウに表示する」にチェックを入れておくといいでしょう。
チェックが入っている場合、ウィンドウは最小化されて表示されます。

③拡張編集ウィンドウ
ここにドラッグ＆ドロップして動画を読み込みます。
また、動画の編集も、このウィンドウで行ないます。

第4章 「動画編集」&「ライブ配信」をしてみよう

④設定ダイアログ
「動画」や「オブジェクト」ごとに、表示されるダイアログです。
「拡張編集ウィンドウ」で選択(クリック)したオブジェクトの設定ダイアログが有効になり、一度に1つのみの表示となります。

4-4　「AviUtl」の使い方

それでは、「AviUtil」を使ってみましょう。

＊

「動画編集ソフト」は、動画を読み込み、編集して、再度動画として書き出すソフトです。

ただ、これら一連の操作では、基本的に「元動画」は変更されません。

編集の際は、ソース(部品のようなもの)として呼び出しているだけです。

そのため、編集中にファイルの置き場所(呼び出し元)を変更してしまうと、動画が表示できないなどの不具合が出るため、注意しましょう。

＊

また、「動画編集ソフト」には、**「プロジェクト・ファイル」**と**「出力」(書き出し)**という概念があります。

「プロジェクト・ファイル」には、「この動画を編集する」「ここからここまでカットする」などの編集情報を保持しています。

これを実際に動画として作る行為が、「出力」(書き出し)です。

つまり、「プロジェクト・ファイル」は「設計図」のようなものであり、実態はありません。

また、「書き出し」をしなければ、編集後の動画ファイルは存在しません。

4-4 「AviUtl」の使い方

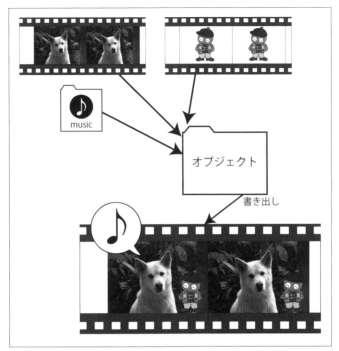

図4-9　プロジェクト・ファイル

■ 基本的な操作方法

基本となる編集の手順を見ていきましょう。

[1]拡張編集ウィンドウの上で、「新規プロジェクトを作成」をクリック。

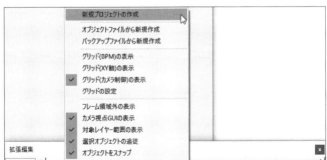

図4-10　新規プロジェクトの作成

第4章 「動画編集」&「ライブ配信」をしてみよう

[2]「拡張編集ウィンドウ」に動画をドラッグ&ドロップすると、動画が読み込まれる。

図4-11 動画を読み込ませる

[3]キーボードの「スペースキー」をクリックして再生。

左端の水色のライン(スライダー)を移動させると、動画の任意の場所に移動できる。

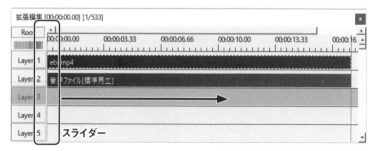

図4-12 スライダー

4-4 「AviUtl」の使い方

[4] 動画上の任意の場所で右クリックし、「分割」を選ぶとその場所から動画が分割される。

動画をカットしたい場合は、カットしたい先頭の場所と、最後の場所で「分割」を行ない、間の部分を「削除」する。

「削除」も右クリックのメニューから選択できる。

「カット」すると、その部分が空白になるので、ドラッグして隙間を詰める。

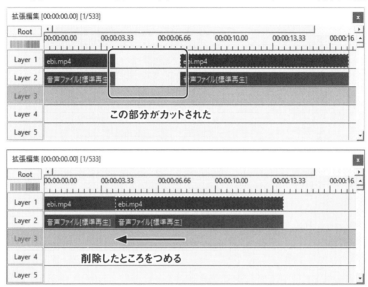

図4-13 映像のカット

[5] メニューバーの「ファイル」から「編集プロジェクトの保存」を選択し、「プロジェクト・ファイル」を保存。

図4-14 プロジェクトの保存

第4章 「動画編集」&「ライブ配信」をしてみよう

[6]「ファイル」→「プラグイン出力」から「拡張x264出力」を選択し、保存場所を指定。

　エンコード中に「NeroAacEnc.exeが指定されていない」というエラーが出ることがあるが、その場合はやり直す。

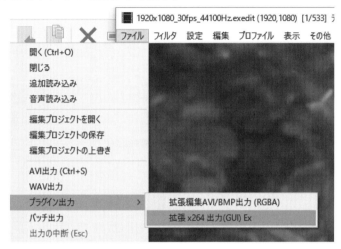

図4-15　動画の書き出し

4-4 「AviUtl」の使い方

■ その他の編集方法

その他、使うと便利な編集方法を、いくつか紹介しておきます。

●「設定ダイアログ」を使う

「設定ダイアログ」は、各オブジェクトの調整を行なうことができます。
「動画」と「音声」で、項目に違いがあります。

*

「動画」の場合、「設定ダイアログ」は次のようになっています。

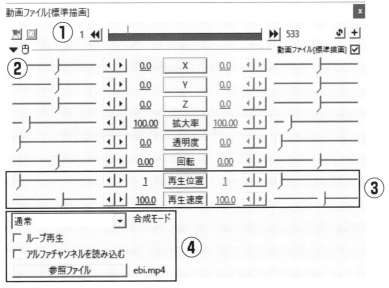

図4-16 動画ファイルの「設定ダイアログ」

①シークバー
　「動画の再生場所」を表わす。

②表示設定
　「表示位置」や「拡大率」「透明度」「回転」を設定。

③再生設定
　「再生位置」や「再生速度」を設定。

第4章 「動画編集」&「ライブ配信」をしてみよう

④その他
「合成モード」や「ループ再生」「アルファチャンネル」「参照ファイル」を設定。

＊

また、「音声」の場合は、次のようになっています。

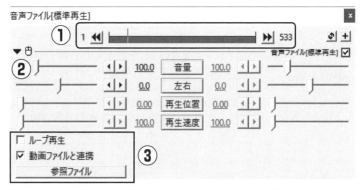

図4-17　音声ファイルの「設定ダイアログ」

①シークバー
「音声の再生場所」を表わす。

②再生設定
「音量」や「左右チャンネル」「再生位置」「再生速度」を設定。

③その他
「ループ再生」「動画ファイルと連携」の機能のオンオフや、「参照ファイル」の設定を行なう。

●「複数の動画」「画像」「音声ファイル」を読み込む（レイヤー）

2つ目以降の動画や、画像、音声ファイルを読み込むには、空いている「拡張編集ウィンドウ」の**「レイヤー」**（Layer）の上にドラッグ＆ドロップで入れます。

＊

「レイヤー」は「階層」という意味で、第1層（Layer1）、第2層（Layer2）……、

と積み重なっているイメージです。

「Layer1」がいちばん下、「Layer2」がその上…と設定されているので、番号が多いほど、動画上では上に表示されます。

また、「レイヤー」は「Layer＊」と書かれた箇所で右クリックすると、追加や削除ができます。

＊

動画の上に、さらに動画を重ねる場合は、「レイヤー」の順番を間違えないようにしましょう。

たとえば、ゲーム画面の左下に「実況者の顔」を表示したい場合は、「layer1」にゲーム画面を読み込み、「layer2」よりも上の階層に、実況者の動画を置きます。

またこの際、「実況者の動画」が「ゲーム画面」と同じ大きさではまずいので、動画の「設定ダイアログ」で、表示サイズを小さくします。

● テキストを入力

以下の手順で、動画の中に「文字」を入れることもできます。

[1] 何もオブジェクトのない「空のレイヤー」の上で右クリックして、「メディアオブジェクトの追加」から「テキスト」を選択。

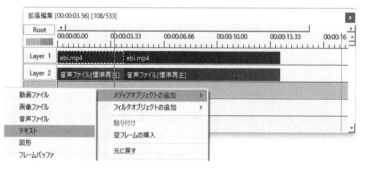

図4-18 「メディアオブジェクトの追加」→「テキスト」

[2] 「設定ダイアログ」が「テキストの設定ダイアログ」に変わるので、下部の「テキストボックス」に文字を入力。

「表示場所」や「サイズ」「文字フォント」なども、設定ダイアログから調整が可能。

第4章 「動画編集」&「ライブ配信」をしてみよう

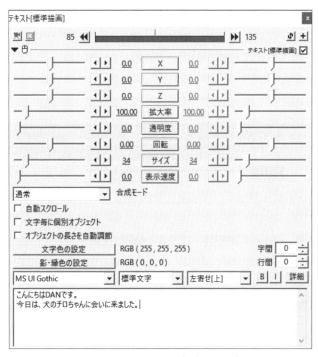

図4-19 テキスト設定ダイアログ

[3] テキストボックスをドラッグして、好きな場所に配置。

図4-20 テキストの表示

[4]「レイヤー」に配置された「テキスト・オブジェクト」の長さをドラッグで変更。

この長さが「テキストの表示時間」になる。

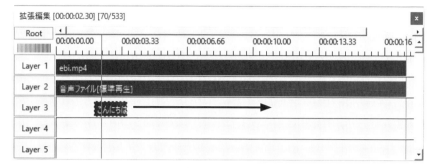

図4-21 「テキストの長さ」を調整

テキストを一定の場所にしたい場合は、「Layer*」(ここでは「Layer3」)と書かれたところを右クリックして、「座標のリンク」にチェックを入れます。

● 「動画書き出しの設定」を変更する

「設定」→「圧縮の設定」→「プラグイン出力の設定」を選択して、表示されるダイアログから「拡張x264出力」を選び、「設定」を押します。

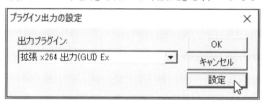

図4-22 「拡張x264出力」→「設定」

すると、「拡張x264出力」の設定画面が開きます。

メニューバーに「プロファイル」があるため、そこから、プロファイルを選択すると、配信サービスに適した書き出しが可能です。

第4章 「動画編集」＆「ライブ配信」をしてみよう

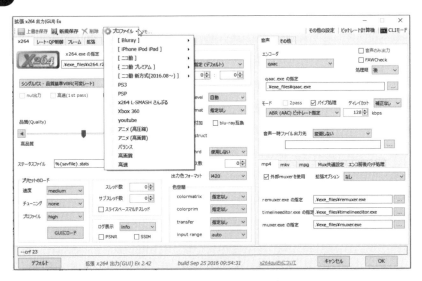

図4-23 「拡張x264出力」の設定画面

4-5 「OBS Studio」でライブ配信

「OBS（Open Broadcaster Software）Studio」は生放送をスムーズに行なえるソフトです。

以下の公式サイトからダウンロードできます。

＜Open Broadcaster Software＞

https://obsproject.com

■「OBS」の画面構成

図4-24 「OBS」の画面

①メイン画面

配信される画面。

図4-24では、大きな画面と小さな画面の2つを表示させています。

小さな画面は「Webカメラ」の映像で、選択状態になっています。

第4章 「動画編集」&「ライブ配信」をしてみよう

②シーン

配信画面の構成を、「シーン」として登録できます。

たとえば、「ゲーム画面+実況者の画面」と、「実況者の顔の大写し」を切り替えたいときに、前者を「シーン1」とし、後者を「シーン2」として登録しておけば、それらを選択するだけですぐに切り替えが可能です。

③ソース

配信時に「ゲーム画面」や「テキスト」などを視聴者に見せるには、その情報を「ソース」として追加する必要があります。

「+」ボタンのクリックで追加、「-」ボタンで削除、「∧∨」キーでレイヤーの上下が変更できます。

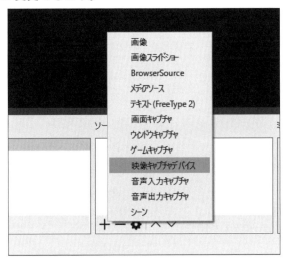

図4-25 「ソース」の追加

配信したい情報によって選択する「ソース」は異なります。
主なソースについては次の表を参考にしてください。

4-5 「OBS Studio」でライブ配信

項　目	配信する情報
画像	パソコンにある画像ファイル
画像スライドショー	複数の画像ファイルをスライドショー形式で見せる
BrowserSorce	Web上の画面
メディアソース	パソコンにある動画ファイル
テキスト	文字
画面キャプチャ	パソコンのデスクトップ画面
ウィンドウキャプチャ	パソコン上の特定のウィンドウ
ゲームキャプチャ	パソコンのゲーム画面など
映像キャプチャデバイス	Webカメラ、キャプチャボードの映像

　配信する「画面のサイズ」や「レイヤーの上下」は、「ソース」欄で、対象の「ソース」を選択して調整します。

- 画面サイズの変更…変更したい「ソース」をクリックし、画面上の「赤い丸」をドラッグ
- レイヤーの上下……変更したい「ソース」をクリックし、そのソースをドラッグ

④ミキサー

音声を調整。

⑤シーントランジション

「シーン」の切り替えを設定。

⑥配信/録画ボタン群

配信や録画に関するボタン群。
配信前に、「設定」→「配信」から設定をしておくといいでしょう。

第4章 「動画編集」&「ライブ配信」をしてみよう

■「OBS」の使い方

　使い方は簡単で、「ソース」(動画・音声・画像)を追加して、「配信開始」ボタンを押すだけです。

---

[1]「ソース」の「＋」ボタンを押して、ソースを追加。

[2] メイン画面で、表示される動画のサイズや位置を調整。

[3]「配信開始」ボタンを押す。

図4-26　配信の手順

4-6　「YouTube」「ニコニコ動画」へ配信

　「録画配信」の場合、動画配信サービスにアップロードを行なう必要があります。
　そこで、特に実況動画が配信されている「YouTube」「ニコニコ動画」へのアップロード方法を簡単に解説します。

■「YouTube」へのアップロード方法

　まず、「YouTube」のアカウントにログインしておきます。

　もし、アカウントがない場合は、「Googleアカウント」を作る必要があります。
　Googleのサイトからアカウントを作ってください。

図4-27　「Googleアカウント」をあらかじめ作ってログインしておく

第4章 「動画編集」&「ライブ配信」をしてみよう

「YouTube」サイトの右上に「アップロード」というボタンあります。これをクリックしてください。

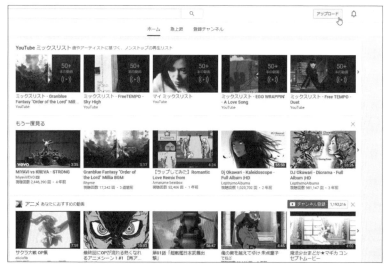

図4-28　画面右上の「アップロード」ボタンをクリック

アップロード画面に切り替わります。

図4-29　アップロード画面

アップロードしたい「動画ファイル」を選択するか、もしくはドラッグ＆ドロップで動画を投稿します。

4-6 「YouTube」「ニコニコ動画」へ配信

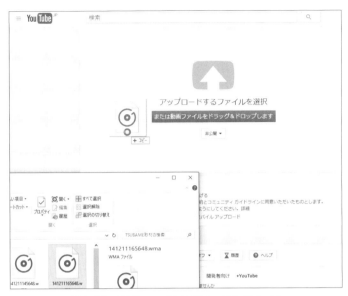

図4-30 動画ファイルをドラッグ＆ドロップ

なお、アップロード領域の中央には、アップロードした動画の公開範囲が設定されています。
一度、チェックなどをしたい場合は、「非公開」に変更するのもいいでしょう。

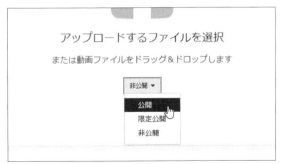

図4-31 「公開範囲」の設定

アップロードが終わったら、動画情報を記載する画面に変わるので、必要に応じて、動画の説明を記載します。

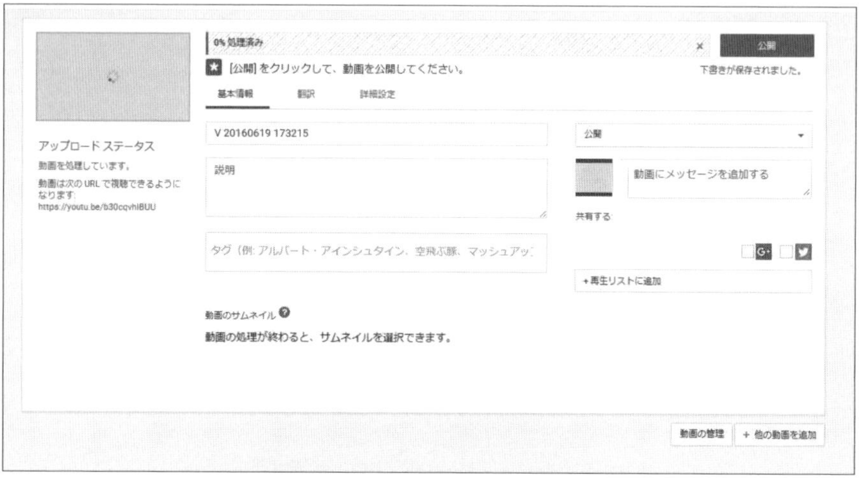

第4章 「動画編集」&「ライブ配信」をしてみよう

図4-32 アップした動画の説明文を記入

これで、アップロードは完了です。
「非公開」にした場合は、「公開」に戻すのを忘れないようにしましょう。

■「ニコニコ動画」へのアップロード方法

「ニコニコ動画」も、動画のアップロードには、アカウントのログインが必要です。
アカウントを持っていない場合は、新規作成画面から、アカウントの登録を行なってください。

図4-33 画面の中央上に「ログイン」のメニューがあるのでクリック

4-6 「YouTube」「ニコニコ動画」へ配信

図4-34 「ログイン」画面から「新規会員登録」を選択

図4-35 指示に従って、アカウントを登録する

第4章 「動画編集」&「ライブ配信」をしてみよう

＊

「ニコニコ動画」にログインしたら、サイト上部のユーザ名をクリックして、「ニコニコマイページ」に移動してください。

図4-36　ニコニコマイページ

左カラムの「投稿」ボタンから、「動画」を選択します。

図4-37　「投稿」→「動画」

続けて、「動画を投稿する」ボタンをクリックしてください。

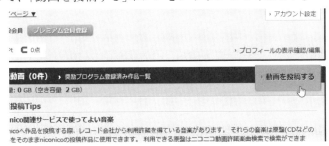

図4-38 「動画を投稿する」をクリック

すると、「動画投稿画面」が表示されます。

「YouTube」の場合と同じように、動画ファイルを選択、もしくはドラッグ＆ドロップすると動画が投稿できます。

図4-39 ニコニコ動画アップロード画面

アップロードが終わったら、「動画情報」を記載します。

第4章 「動画編集」&「ライブ配信」をしてみよう

図4-40 「動画情報」や「サムネイル」を入力

＊

　実況配信についていろいろと説明してきましたが、そろそろ配信の方向性ややりたいことは固まってきたでしょうか。

　不安なことや、分からないことがまだあるかもしれませんが、まずはトライしてみましょう。

　最初のうちは、いろいろ失敗もあるでしょうが、失敗を経験しておけば、視聴者が増えてきたときでも、スムーズに対応できます。

　まずは、コンスタントに動画や生放送を配信することを目標に、続けてみてください。

索 引

索引

50音順

《あ行》

- あ アーリーアクセス版 ……………24,27
  - 相手に伝わる話し方 ……………… 72
  - アクセントの調整 ………………… 50
- い イラスト素材 ……………………… 66
- う ウェアラブル・カメラ …………… 33
  - うんちく …………………………… 27
- お 音声効果 ……………………………49,60
  - 音声効果タブ ……………………… 60
  - 音量 ………………………………… 75

《か行》

- か 開始ポーズ ………………………… 64
  - 拡張機能 …………………………… 94
  - 拡張編集Plugin ………………95,99
  - 滑舌 ………………………………… 76
  - カメラ ……………………………… 32
- き 聞きやすい話し方 ………………… 74
  - 記号ポーズ ………………………… 63
  - キャプチャボード ………………29,34
- く 口の動き …………………………… 77
  - 詳しい解説 ………………………… 24
- け ゲーム実況 …………………………… 8
- こ 効果音の素材 ……………………… 69
  - 考察 ………………………………… 27
  - 更新頻度 …………………………… 24
  - 声の高さ …………………………… 76
  - コピーガード ……………………… 34
  - コミュニケーション ……………… 25
  - コンテキスト・メニュー ………… 53
  - コンデンサ・マイク ……………… 32
  - コンテンツの種類 ………………… 20

《さ行》

- さ 再生時間の計測 …………………… 48
- し 視聴数を伸ばす …………………… 41

《た行》

- 実況計画 …………………………… 39
- 実況動画 ……………………………… 8
- 実況動画に向いているテーマ ……… 8
- 実況動画の種類 ……………………… 8
- 実況について考えること …………… 8
- 実況に必要なもの ………………… 28
- 実況の基本構成（機材） ………28,30
- 実況のスタイル …………………… 22
- しばりプレイ ……………………… 26
- 自分の声 …………………………… 18
- ジャンル ……………………………… 8
- 終了ポーズ ………………………… 64
- 主要なゲーム機 …………………… 22
- 親近感 ……………………………… 90
- す ストレッチ ………………………… 81

《た行》

- た ダイナミック・マイク …………… 32
  - 台本 ………………………………… 88
  - 単一指向性 ………………………… 75
  - 単語の登録 ………………………… 58
  - 単語編集タブ ……………………… 56
- ち 著作権 ……………………………… 37
- つ ツイキャス ………………………… 16
  - 粒立てる …………………………… 82
- て テキストーク ……………………… 20
- と 動画にできないゲーム …………… 21
  - 動画配信サービス ………………11,37
  - 動画編集ソフト …………………28,36
  - トーク内容 ………………………… 88
  - ドライブレコーダ ………………… 33

《な行》

- な 生声 ………………………………… 18
- に ニコニコ動画 …………………12,1202
  - ニコニコ生放送 …………………… 14
  - ニコニ・コモンズ ………………… 67
- ね ネタ帳 ……………………………… 88

索 引

《は行》

- は パソコン……………………………28,30
  - 発音………………………………………76
  - 発生の基本姿勢……………………………86
  - 発声練習…………………………………79
  - 話し方の技術……………………………73
  - 話す速さ…………………………………76
  - 早口言葉…………………………………80
- ひ ビデオカメラ……………………………30,34
  - 一人で実況………………………………22
- ふ 腹式呼吸…………………………………85
  - 複数の人で実況…………………………22
  - プラグイン………………………………94
  - プラットフォーム………………………20
  - プレイスタイル…………………………26
  - フレーズ…………………………………49
  - フレーズ・タブ…………………………54
  - フレーズの調整…………………………50,55
  - 文中短ポーズ……………………………64
  - 文中長ポーズ……………………………64
  - 文末ポーズ………………………………64
- へ ヘッドセット……………………………31
- ほ ボイスチェンジャー……………………18
  - ボイスロイド……………………………19,44
  - ボイスロイドの画面構成………………45
  - ボイスロイドの作業の流れ……………47
  - 棒読みちゃん……………………………49
  - ポーズ・タブ……………………………63
  - ポーズの調整……………………………63
  - ボケとツッコミ…………………………91

《ま行》

- ま マイク……………………………………28,31,75
  - 魔王魂……………………………………69
- む 無指向性…………………………………75
- め メタ………………………………………90

《や行》

- ゆ ゆっくりMovieMaker……………………36
- よ 読み上げソフト…………………………19,33
  - 読み方の調整……………………………56,60
  - 読み仮名…………………………………49

《ら行》

- ら ライブ配信………………………………10,113
  - ライブ放送用ソフト……………………28,36
- り リハーサル………………………………89
- る ルビ………………………………………59
- ろ 録画投稿…………………………………9

《わ行》

- わ 分かりやすい話し方……………………81

アルファベット順

- AviUtl………………………………………36,94
- AviUtlの画面構成…………………………101
- AviUtlの使い方……………………………102
- CeVIO Creative Studio……………………19
- FRESH! by AbemaTV………………………16
- HDCP…………………………………………38
- LINE LIVE……………………………………17
- L-SNASG Workd……………………………96
- nicotalk＆キャラ素材配布所……………68
- Open Broadcaster Software………………36,113
- Periscope……………………………………18
- RTA……………………………………………26
- SofTalk………………………………………19
- Stk_Custom…………………………………19
- TAP……………………………………………27
- TAS……………………………………………27
- TwitCasting…………………………………16
- Twitch………………………………………15
- VideoStudio…………………………………36
- Windowsムービーメーカー………………36,94
- x264guiEx……………………………………97
- Xsplit Broadcaster…………………………36
- YouTube……………………………………12,117
- YouTube Gaming……………………………13,15
- YouTubeライブ……………………………14

■著者略歴

小笠原　種高（おがさわら・しげたか）

テクニカルライター、イラストレーター、フォトグラファーを努める傍ら、システム開発やWebサイト構築の企画、マネジメント、コンサルティングに従事。

【主な著書】

はじめてのプロジェクションマッピング
はじめてのキャラミんStudio
256将軍と学ぶWebサーバ　　　　　　　　（工学社）

はじめてのAccess2013
はじめてのExcel2013ビジネス編　　　　　（秀和システム）
　　　　　　　　　　　　　　　　　　　　　　　　など

本書の内容に関するご質問は、
① 返信用の切手を同封した手紙
② 往復はがき
③ FAX (03)5269-6031
　　（返信先のFAX番号を明記してください）
④ E-mail　editors@kohgakusha.co.jp
のいずれかで、工学社編集部あてにお願いします。
なお、電話によるお問い合わせはご遠慮ください。

サポートページは下記にあります。

[工学社サイト]
http://www.kohgakusha.co.jp/

I/O BOOKS

実況動画の作り方

平成28年10月25日　初版発行　© 2016　　著　者　小笠原　種高
　　　　　　　　　　　　　　　　　　　　編　集　I/O編集部
　　　　　　　　　　　　　　　　　　　　発行人　星　正明
　　　　　　　　　　　　　　　　　　　　発行所　株式会社 工学社
　　　　　　　　　　　　　　　　　　　　〒160-0004　東京都新宿区四谷4-28-20 2F
　　　　　　　　　　　　　　　　　　　　電話　　（03）5269-2041（代）［営業］
　　　　　　　　　　　　　　　　　　　　　　　　（03）5269-6041（代）［編集］
※定価はカバーに表示してあります。　　　　振替口座　00150-6-22510

印刷：図書印刷（株）　　　　　　　　　　　　　　　　　　　ISBN978-4-7775-1976-7